高职高专教育省部级示范院校建设规划教材
高等学校通识教育读本

中国传统水文化概论

程得中　邓泄瑶　胡先学　主编

黄河水利出版社
·郑州·

内 容 提 要

本书涵盖水文化相关的历史、哲学、文学、艺术、大政方针等诸多领域。绪论部分探讨了水文化的内涵及学科体系、水文化与高等学校通识教育的关系。正文共五章,包括治水在大一统国家构建中的作用、诸子百家对水的哲学体悟、历代文人墨客对水的吟咏记叙、艺术家对水的描摹刻画、中华人民共和国成立以来的水利发展方略等内容。

本书可作为高等学校开展通识教育教材,也可用于水利系统职工培训,或者作为社会大众提高文化素养的知识读本。

图书在版编目(CIP)数据

中国传统水文化概论/程得中,邓泄瑶,胡先学主编.
—郑州:黄河水利出版社,2019.11
ISBN 978 - 7 - 5509 - 1300 - 4

Ⅰ.①中… Ⅱ.①程… ②邓…③胡… Ⅲ.①水利建
设 - 文化研究 - 中国 Ⅳ.①TV

中国版本图书馆 CIP 数据核字(2019)第 247372 号

组稿编辑:王路平 电话:0371-66022212 E-mail:hhslwlp@ 163. com

出 版 社:黄河水利出版社   网址:www. yrcp. com
        地址:河南省郑州市顺河路黄委会综合楼 14 层   邮政编码:450003
发行单位:黄河水利出版社
        发行部电话:0371 - 66026940、66020550、66028024、66022620(传真)
        E-mail:hhslcbs@ 126. com
承印单位:河南承创印务有限公司
开本:787 mm ×1 092 mm 1/16
印张:7. 5
字数:170 千字   印数:1—1 000
版次:2019 年 11 月第 1 版   印次:2019 年 11 月第 1 次印刷
定价:25. 00 元

前言

　　水是生命之源、生产之要、生态之基,关乎人类的生存发展。进入 21 世纪以来,随着水资源、水生态、水环境的不断恶化,有识之士日益认识到水危机产生的根源在于缺乏水文化宣传教育或水文化教育发展滞后,须大力呼吁普及推广水文化教育。中央高层高度关注民众的诉求,制定出切实可行的推动水文化教育普及发展的政策。2011 年,中央一号文件《中共中央　国务院关于加快水利改革发展的决定》中指出,"加大力度宣传国情水情,提高全民水患意识、节水意识、水资源保护意识,广泛动员全社会力量参与水利建设。把水情教育纳入国民素质教育体系和中小学教育课程体系,作为各级领导干部和公务员教育培训的重要内容"。在中央这一文件精神指引下,水利部制定了《水文化建设规划纲要(2011—2020 年)》,明确指出,"把水文化教育列入水利院校教育课程体系,并作为水利系统职工教育培训的重要内容""针对不同对象,分层次、有重点地开展水文化教育"。各地水利部门随即根据水利部文件精神,制定了贯彻落实的实施意见,水文化教育一时之间成为热点。

　　时至今日,中央一号文件已经下发 8 年,但其中对水文化教育的要求却没有得到切实贯彻执行。不仅中小学校没有水情教育课程,高等学校除个别水利院校外基本也未开设相关的课程或活动。其实,随着生态文明建设的逐步推进,生态文明的理念已经成为社会的共识,大学生和民众迫切需要对水文化的深入学习和了解。时代呼唤优秀的水文化教育普及读本,这是本书编纂的形势背景。

　　本书编者是重庆水利电力职业技术学院一批青年教学工作者,本着对水文化的热爱,该校五年前开设该门课程。因新颖的课程内容和生动的案例讲解,水文课程受到学生的喜爱和追捧,迅速"走红",成为学校的一门明星课程。在学院领导的大力支持下,如今水文化课程已经成为全院公共必修课。受到初战告捷的鼓舞,我们决定一鼓作气,用我们几年来积累的水文化教育教学经验,编纂一本适合普通高等学校开展水文化通识教育的教材,让水文化能够浸润更多非水利院校莘莘学子的心田,这是本书编纂的缘起。

　　本书共分五章,涵盖水文化相关的历史、哲学、文学、艺术、大政方针等诸多领域。绪论部分探讨水文化的内涵和学科体系、水文化通识教育的重要性。第一章探讨治水与大一统国家建立巩固的关系。第二章探讨中国古代有关水的哲学思想及治水理念。第三章探讨中国文学史上以水为吟咏、描写对象的文学作品和现象。第四章探讨书法、绘画、建筑等中国艺术形式对水的借鉴和利用,探讨受水启发产生的线条美等特征。第五章梳理中华人民共和国成立以来的治水政策方针,体现了由水利工程建设的单一目标向水工程、水环境、水生态、水景观、水文化综合治理的治水方针转变。

　　水文化博大精深,值得有志之士深入探索与研究,本书愿意抛砖引玉,希望以后出现更多更好的研究论著,让我们一起为繁荣水文化研究共同努力。

编　者

2019 年 10 月

目录

前 言

绪 论 ………………………………………………………………… (1)

   第一节　水文化的内涵及学科体系 ………………………………… (1)

   第二节　水文化与高等学校通识教育 ……………………………… (5)

第一章　水与中华文明 …………………………………………… (9)

   第一节　治水与国家的诞生 ………………………………………… (9)

   第二节　治水与大一统帝国的建立和巩固 ………………………… (20)

第二章　水与中国古代哲学 ……………………………………… (27)

   第一节　水的社会属性:中国古代关于水的哲学思考 …………… (27)

   第二节　水的自然属性:中国古代关于治水的哲学思想 ………… (35)

第三章　水与中国文学 …………………………………………… (40)

   第一节　水与文学之抒情 …………………………………………… (40)

   第二节　水与文学之叙事 …………………………………………… (53)

   第三节　水与哲理的阐发 …………………………………………… (60)

第四章　中国传统艺术与水文化 ………………………………… (68)

   第一节　中国传统艺术与水文化的渊源 …………………………… (68)

   第二节　中国书法的水文化之韵 …………………………………… (71)

   第三节　中国山水画 ………………………………………………… (77)

   第四节　中国传统音乐舞蹈艺术 …………………………………… (82)

   第五节　中国传统园林艺术 ………………………………………… (86)

第五章　与时俱进的治水思想 …………………………………… (91)

   第一节　以单目标开发为主的大规模水利建设时期 ……………… (91)

   第二节　改革开放以来的治水思路转变 …………………………… (95)

后 记 ………………………………………………………………… (112)

绪 论

　　水文化既非水利行业文化,也非以物质产品为研究对象的人文社会科学,而是以与水相关的知识、信仰、道德、法律、习俗等精神产品为研究对象的人文社会科学。作为一门独立的学科,水文化拥有独立的研究对象、研究任务和学科性质。水文化是由精神信仰、知识成果、实践应用三个层面构成的有机整体,拥有较为完整的涵盖诸多人文社会科学领域的学科体系。

　　水文化具有真、善、美的诸多品质,其本身天然具有了教育的功能。并且由于水文化可以反映国家民族的优良传统和美德,涵盖众多人文社会学科,那么将其应用于高等教育,积极围绕水文化开展人文通识教育,可以更好地提升大学生的人文素养和品格。

第一节　水文化的内涵及学科体系

　　水文化还不是一个被国际上广泛公认的独立学科或领域,世界上不同国家的学者和各种组织从不同角度、不同学科关注水和相关文化的关系,注重文化在水资源管理、水环境建设以及通过文化建设应对水危机、气候变化、环境变化等问题中的价值和作用。在这种背景下,水文化作为一个独立的学科或者领域已成大势所趋。

　　水文化涵盖文学、历史学、社会学、美学、哲学、人类学等多学科门类,但在当前学术壁垒林立、未整合多学科视角的情况下,只有独立、完整的水文化学科体系的建立,才能全面深入进行水文化研究。本书拟从水文化内涵,水文化的研究对象、任务、学科性质及水文化的学科体系三方面对水文化这一新兴领域进行探析,以推动其独立的学科属性和地位获得学界认可。

一、水文化内涵探析

　　20 世纪 80 年代末,水文化作为一个独立的概念出现,目前对水文化概念的解释虽然很多,但并没有一个公认的权威概念,反映出学界对水文化内涵的分类结构尚不明晰,影响了水文化研究的深度和广度。因此,要促进水文化研究的规范化和体系化,亟须对水文化内涵结构体系作明确的分析界定,以统一学界对这一概念的认识。本书主要对当前最有代表性的两个定义——水利文化和广义水文化进行分析,以明晰这一概念。

　　1. 水文化不只是水利文化

　　将水文化定义为水利文化的大多为水利行业和水利院校的学者,代表性观点包括以下几种:有学者❶认为,水文化是一种反映水与人类、社会、政治、经济、文化等关系的水行

---

❶ 李宗新. 简述水文化的界定[J]. 北京水利,2002(3):44-45.

业文化。有学者❶认为,水文化的实质是通过人与水的关系反映人与人关系的文化,并具有科学性、行业性和社会性。有学者❷认为,水文化是以水利人为主的社会成员在处理人水关系的实践中创造出的以精神成果为核心的各种成果的总和,水利文化是水文化的核心,是水文化的基本内容。

从水利行业的角度定义水文化,其研究对象是水利行业中的人水关系,着眼于水利行业的职业属性,目的是服务于水利宣传工作、提升水利系统职工素质。采用如此定义,水文化便容易沦为宣传教育的工具,丧失了其作为人文社会科学的独立学科属性和丰富内涵。诚然,人们在开发水利、治理水害活动中的实践经验需要技术和群体协作,具有很显著的行业性,但水文化绝不是水利文化,也不是简单的包含与被包含的关系,两者内涵是不同的。

首先,水文化研究对象不仅仅是水利活动中的治水实践,它还包括水文学中作为意象的水、水哲学中作为思想载体的水,更是一种观念、精神、意识的水。其次,水文化的研究目的固然有指导水利实践,但还应该有水遗产保护、水景观规划等功能,而其核心是水思想、精神、价值的探索。

2. 水文化并不研究物质自然属性

另一种观点,赋予水文化以宽泛定义。有学者❸认为,水文化是人类创造的与水有关的科学、艺术及意识形态在内的精神产品和物质产品的总和。有学者❹认为,水文化就是指人类社会历史发展过程中积累起来的关于如何认识水、治理水、利用水、爱护水、欣赏水的物质和精神的总和。另有学者❶从人类发展的角度分析,认为可以将一切文化现象纳入到"水文化"的范畴内,"水文化"称得上是其他文化的母体。

上述观点无疑是借鉴文化概念而来的。学界一般把文化概念定义为两种:广义的和狭义的。广义文化是指人类实践过程中创造的物质和精神财富总和;狭义文化仅仅是指精神成果方面,包括知识、信仰、道德、法律、习俗等。但是,如果从学科体系构建角度来看,一个学科独立的前提是有明确的研究对象和研究任务,过于宽泛的定义也就模糊了研究对象和研究任务,是不利于学科体系构建和成长的。因此,从学科体系建构的角度,我们不应该将水文化定义得过于宽泛。

既然水文化既非行业文化,也非以物质产品为研究对象的人文社会科学,那么应该如何定义呢?根据狭义文化❺的定义,水文化可以定义为对水的知识、信仰、道德、法律、习俗以及其他与水有关的精神产品。目前水文化的研究吸引了越来越多的水科学家、社会科学家、政府官员的重视和参与,在这种背景下,水文化作为一门独立的学科或者领域已

❶ 孟亚明,丁开宁. 浅谈水文化内涵、研究方法和意义[J]. 江南大学学报,2008,7(4):63-66.
❷ 郑大俊,王如高,盛跃明. 传承、发展和弘扬水文化的若干思考[J]. 水利发展研究,2009(8):39-44.
❸ 车玉华,赵莉,杨春好. 创新水文化的内涵[J]. 水科学与工程技术. 2008(s1):78-79.
❹ 金星. 水文化内涵探析[OL]. 大禹网,2012-04-04.
❺ 泰勒在《原始文化》一书中对狭义文化做了以下定义:"所谓文化或文明乃是包括知识、信仰、道德、法律、习俗以及作为社会成员个人而获得的其他任何能力、习惯在内的一种综合性。"《辞海》对狭义文化的定义:"指社会的意识形态以及与之相适应的制度和组织机构。作为意识形态的文化,是一定社会的政治和经济的反映,又作用于一定社会的政治和经济。"

成为一种明显的发展趋势。

二、水文化学科的研究对象、任务及性质

水文化作为一门独立的学科，必然要有其鲜明的研究对象、任务及学科性质。下面就这几个问题探讨一下。

第一，水文化学科的研究对象是水文化，即对水的知识、信仰、道德、法律、习俗以及其他与水有关的精神产品。具体包括历代哲人关于水的哲学思想、历代文人雅士对于水的吟咏歌颂、历代史学家对于人类与水关系的记载、历代画家及能工巧匠与水相关的艺术作品、历代对于水的信仰崇拜、各民族对于水的信仰及习俗，以及与水相关的景观设计、旅游管理、遗产保护、法律法规等。

当然，有关水的研究，其他学科也有涉及，比如化学、水资源、水环境、水工程、水土保持，但这些学科，有的研究物质形态的水，有的研究与水相关的环境或工程，属于自然科学领域的水。另外一类，虽然也从人文科学角度研究，比如哲学研究中的某些以水为喻的哲学思想、文学研究中的山水诗、史学研究中的水历史，这些是从各自专业视角出发的研究，对水文化只是偶然涉及，其实还是属于本学科领域的研究。水文化之所以区别于上述学科，就是在研究对象上建立了水文化研究的本体意识，以文化自身为视角进行系统、深入的研究。

第二，水文化学科的任务是通过研究系统揭示有关水的文学审美、历史实践、艺术作品等知识成果和哲学思想、宗教信仰、生活习俗等观念意识形态，以丰富人类的精神文明成果。另外，这些知识成果、观念意识应用于景观设计、旅游管理、遗产保护等社会实践，可以对这些社会实践起到指导作用，更好地服务于经济社会发展。

第三，水文化学科的性质是以探讨观念意识形态为主题的人文社会科学。作为一门人文社会科学，具有精神信仰性、艺术审美性和实践应用性等特点。水文化中的水哲学、水信仰、水习俗反映不同时期人们对水的精神信仰、观念意识形态，具有精神性、信仰性的特点。水文化中的文学审美、艺术作品、历史实践等知识成果反映人们对水的精神审美、改造利用，具有艺术性、审美性的特点。水文化中的水景观设计、水遗产保护等属于水文化的实践应用，具有实践性、应用性的特点。

三、水文化的学科体系

水文化学科体系是由水文化各分支学科构成的有机整体，但它又不是各学科的简单累积或叠加，而是有关水的各学科的有机结合。水文化涵盖哲学、文学、历史学、艺术学、宗教学等以人类精神为研究对象，研究人的本质、价值的人文科学，以及人类学、民族学、民俗学、法学、景观设计、旅游管理、遗产保护等，研究与阐述各种社会现象及其发展规律的社会科学。因此可以说，水文化是一门涵盖人文科学和社会科学的综合学科。具体包括以下三类。

（一）哲学思想、宗教信仰、生活习俗等观念意识形态

1. 水哲学思想

水哲学是指古今中外的哲学家关于水的哲学思想。古希腊哲学家把"水"列为宇宙

四大要之一,认为水是宇宙之源。古希腊智者赫拉克利特认为"人不能两次踏入同一条河流",以水之流动阐述运动的绝对性。中国古代哲人更是对水情有独钟,先秦诸子对水都有精辟论述:儒家将水看作智慧的化身;道家称赞"上善若水";兵家从水身上学习行军用兵之道;阴阳五行家认为大自然由五种要素所构成,即金、木、水、火、土,五行相生相克,其中水主智。围绕水也有诸多辩论,最著名的是孟子和告子之间关于人性善恶的辩论,告子以水的无分东西比喻人性无善恶之分,孟子却以水的流动可以受到外力作用发生改变比喻人性可以因为环境而改变,从而有善恶之分。

2. 水崇拜和信仰

水是农耕社会最重要的自然资源,因此在中国这个以农业立国的国度里,水崇拜便一直绵延不绝。先民创造了各种各样的水神,形成了庞大但又杂乱的水神家族。其中,既有治水英雄大禹,又有水怪无支祁;既有面目狰狞的雷神,又有美丽的汉江二妃;既有贪婪的河伯,又有善良的巫山神女。总而言之,呈现出一派生机勃勃的人间百态。根据社会学功能,水神崇拜可分为自然之神与治水之神两大类。前者源于对江河湖泊以及水旱灾害的敬畏。龙、牛是民俗中常见的水神图腾,它们的象征意义明确,功能分明。龙赋予了呼风唤雨的能力,被用以祈雨,即使乡村也有龙王庙。牛为镇水之兽,自宋代以来,铜牛或铁牛开始出现在江河湖泊堤防上,通常由政府出资建造。后者是由人神话而来,是人类战胜自然,兴利除害的图腾。治水水神造神的动力来自水利活动的需要,而在水利工程延续的历史时期,则逐渐完善了从人到神、从物质到精神的塑造。

3. 水习俗和节日

水文化与民俗活动联系密切,如诞生礼俗中的洗三、送水礼、冷水浴婴,婚俗中的泼水、喷床、喝子茶,巫俗中的符水、禁咒等。各民族都有独具特色的水节日,例如汉族的端午节、苗族的楼舟节、布依族的汲新水、白族的谢水节、傣族的泼水节。

(二)文学审美、历史实践、艺术作品等知识成果

1. 有关水的文学作品

水文学是指历代文人雅士关于水的文学作品。上古神话传说便有共工"壅防百川"、大禹"开掘九川";中国诗歌的源头《诗经》中有"关关雎鸠,在河之洲。窈窕淑女,君子好逑"。中国历代诗人也喜欢以水为意向。浪漫派诗人有"飞流直下三千尺,疑是银河落九天""大江东去,浪淘尽,千古风流人物,故垒西边";现实主义诗人有"川阅水以成川,水滔滔而日度""郁孤台下清江水,中间多少行人泪"。中国享誉盛名的四大名著都与水有关,《三国演义》中有火烧赤壁、水淹七军的故事。《西游记》中有流沙河、通天河。《红楼梦》塑造的是一群"水做的骨肉"、性格各异、光彩照人的女性形象。《水浒传》更是以水为名,将主要的故事背景放置在梁山茫茫八百里水泊。

2. 治水和水利史

五千年的中国历史,就是一部中华民族与水进行斗争,并成功将其驯服,为民造福的伟大历程。先秦时期,管仲已经意识到"善治国者,必先除其五害,五害之属,水为最大",产生了最初的治水思想。历代治水实践绵延不绝,秦昭王时期,蜀郡太守李冰建造都江堰,使得成都平原成为天府之国。秦始皇任命水工郑国修建郑国渠,使得关中成为千里沃野。汉武帝深恨黄河历次决口,任用王景治黄,使得黄河八百年无患。隋炀帝开辟大运河,沟通了中国经济大动脉,缔造了隋唐盛世。明代潘季驯用"以河治河,以水攻沙"的策略治理黄河,成为后世治水的金科玉律。清代靳辅治理黄、淮、运,成绩卓著。中华人民共和国成立后也贯穿着水利实践,20世纪50年代治理淮河,1998年长江抗洪中诞生了伟大的"抗洪精神",21世纪将三峡大坝的宏伟蓝图付诸实施。

3. 与水相关的艺术作品

人类文明进程中,与水相关的艺术作品不胜枚举。山水画是独具中国特色的艺术形式,是中国的风景画,但又不是简单的描摹自然的风光,而是画家的精神诉求与流露,是画家人生态度的表达,是画家人生追求的体现。另外,中国著名的佛教雕像都选择在水边,例如乐山大佛、大足石刻,都坐落江边,营造出雄伟壮阔的气势。总之,水赋予艺术家以灵感,赋予艺术品以灵性。

(三)与水相关的实践应用

1. 水景观规划设计

水景观,就是作为人审美观赏对象的水体。不同于自然意义的水,水景观是指存在于地面的液态水形成的审美景观。在审美领域,这些形态的水已成为独立的审美意象,水从自然物而成为景观,是从物质性的存在上升为审美意义的存在。在人的意识中,水景观直接体现的不是它的实用价值、经济价值和科技价值,而是审美价值。这些水景观根据用途,可以分为自然水景、庭院水景、泳池水景、装饰水景等,广泛应用于景区设计、城市规划等领域。

2. 水文化遗产挖掘保护

水文化遗产,是历史时期与水相关的具有较高历史、文化、艺术、科学、经济等价值的文物、遗址、建筑以及各种传统文化表现形式,是中华文化遗产的重要组成部分,具有不可忽视的文化和科学等方面的价值。其包括物质水文化遗产和非物质水文化遗产,物质水文化遗产是指具有历史、艺术和科学价值的水文物,如水利工程(河道、堤防、堰坝、水闸、渡口、码头等)、提水工具(水车、辘轳等)、动力工具(水磨、水碓等)、管理衙署(河道总督署、漕运总督署、钞关、驿站、官仓等)、宗教庙观(龙王庙、禹王宫等)以及涉水的碑刻、文献、典籍等。非物质水文化遗产是指各种以非物质形态存在的与群众密切相关、世代相承的传统水文化表现形式,如涉水的节日(龙舟节、都江堰的开水节、通州的开漕节、傣族的泼水节等)、民间文学(神话、传说、故事、歌谣等)、劳动号子(运河号子、海宁车水号等)、民间音乐(高山流水、二泉映月等)、风俗礼仪(修禊、洗三等)、民间信仰(龙王、妈祖、铁牛镇水等)、治水技艺(埽工、"三弯顶一闸"等)、治水思想(潘季驯"以水攻沙"等)、治水精神(大禹"三过其门而不入"等)。

作为一个新兴的领域,水文化学科体系尚不完善,其系统性的理论构建和应用尚处于起步阶段,仍然有广阔的空间和前景,希望各位有志于水文化研究的同仁携手推动水文化学科体系的建设,共创水文化研究的美好未来。

第二节　水文化与高等学校通识教育

人类文明因水而行,一部人类文明史就是人与水关系的历史,水文化可谓源远流长。

关于水文化的内涵,学界有多种阐释。对水文化的界定虽有不同,但学者都注意到人与水应该和谐共处,认为水文化蕴含了精神价值层面的意义。的确,水作为人的对象物,浸透着古今"智者"博大精深的人文精神,人类的心理、情绪、意志以及个性、气质、人格,人对客观世界的感知、认同乃至意识与哲理的升华,甚至包括人生所特有的喜怒哀乐、生死歌哭,古往今来皆曾以"水"为载体而被表达得淋漓尽致。

既然水文化具有真、善、美的诸多品质,其本身天然具有了教育的功能。并且由于水文化可以反映国家民族的优良传统和美德,涵盖众多人文社会学科,那么将其应用于高等教育教学,可以更好地开展高校人文通识教育。

一、水文化的人文熏陶可以完善通识教育的目标

通识教育是学生全面发展的需要。学者认为教育必须是绝对的"全人教育",全人教育的理想就是培养智(真)、德(善)、美、体(健)、劳(富)全面发展的人。毫无疑问我们的教育应当培养具有真、善、美相统一的完善人格的"全人"。❶一名合格的大学生应该接受完善的通识教育,高等教育中,传统的专才教育所培养的只是服务于某些行业的专业劳动者,这种窄化的教育目标已严重滞后于社会发展对人才的需要。

水文化可以培养学生对真、善、美的热爱和追求,对于塑造大学生的健全人格有重要作用。

水文化蕴含的哲学思辨,可以教导大学生独立思考,追求真知。老子说,"上善若水。水善利万物而不争,处众人之所恶,故几于道"。这是水教给我们为人处世的道理,谦卑自持,淡泊平和。孔子曰,"知者乐水,仁者乐山。知者动,仁者静。知者乐,仁者寿"。水所具有的灵动与活跃之特征,不正是智慧、快乐的智者的精神写照吗?孙子说,"夫兵形象水,水之行,趋高而避下;兵之形,避实而击虚"。孙子以水之富于变化比喻战争中的审时度势,灵活应变。

水文化蕴含的厚重善良的品质,有助于大学生树立向善之心和勤勉奋斗的优良品格。孔子临水而叹,"逝者如斯夫,不舍昼夜",水不分白天黑夜的流动不息,犹如寒来暑往,冬去春来,天地间的自然法则也周流运转,永不停息。无独有偶,古希腊哲人赫拉克利特说:"濯足急流,抽足再入,已非前水。"以水之流动象征运动的永恒性和绝对性,可谓夫子之同调。孟子曰,"人性之善也,犹水之就下也。人无有不善,水无有不下。今夫水,搏而跃之,可使过颡;激而行之,可使在山"。人性的善良,就像水往低处流一样,受到拍打就可以高过额头;加以阻挡,也可以使它流上山岗。

水文化蕴含的美学思想,可以陶冶大学生的情操,提升人生境界。"兼葭苍苍,白露为霜""春江潮水连海平,海上明月共潮生"为水之优美;"黄河之水天上来,奔流到海不复回""乱石穿空,惊涛拍岸,卷起千堆雪"是水之壮美;"沧浪之水清兮可以濯吾缨,沧浪之水浊兮可以濯吾足"是水的苍凉之美;"白发渔樵江渚上,惯看秋月春风""一道残阳铺水中,半江瑟瑟半江红"是水的凄冷之美。

通过水文化承载的通识教育,可以造就具备远大眼光、通融识见、博雅精神和优美感

❶ 冯建军.论全人教育[J].中国教育学刊,1999(3):12-15.

情的人才,提供高层次的文明教育和完备的人性教育。智慧、善良、厚重、优美的水文化能给青年学子以真、善、美的启迪,熔铸品格,砥砺意志,陶冶情操,帮助他们树立正确的人生观、世界观和价值观,成为摆脱工具理性和低级生活趣味的真正的人。

二、水文化的涵盖多学科门类可以丰富通识教育

水文化涵盖哲学、历史、文学、艺术、人类学、民族学、宗教学、社会学、心理学等人文社会学科,可以引起学生对人文学科的兴趣,促使他们对中国传统文化乃至人类文明的热爱与敬仰。

水文化中孕育的哲理,哲人的思想、论辩可以涵盖在哲学学科体系中。先秦诸子以水为师,从对水的观察体悟中总结事物的运动规律和道德法则。水作为哲学本喻,形成具有中国特色的水哲学。老子以水论道,称赞水有七德,"故几于道"。庄子以化而为鸟的鲲鹏扶摇直上,脱离象征桎梏的北冥,展现对精神自由的渴望。孔子观水,发出"逝者如斯夫"的慨叹,创立出儒家积极进取的人生哲学。荀子以水喻政,提出"君舟民水"的著名论断。这一譬喻成为历代明君贤臣治国理政的座右铭。

水文化厚重博大,历代王朝治理水患的历史进程可以涵盖在历史学科体系中。汉代河患严重,各种治河方案纷纷提出,贾让治河三策为集大成者,虽未实施,却为历史上第一个全面治理黄河的规划。东汉不惜举全国之力进行治河,终于成功,使黄河出现了数百年的安流局面。隋炀帝开京杭大运河,沟通南北经济文化,巩固了统一局面。清代康熙即位之初,把漕运作为最紧要的三件大事之一,可见水利关乎国运。

水文化的审美体验,历代文学家的诗词歌赋、戏曲小说可以涵盖在文学学科体系内。水是历代文人墨客最钟情的吟咏对象,往往借以托物言志。李白笔下的长江,浩浩荡荡、奔涌不息,代表着盛唐气象。苏轼的赤壁赋,由眼前之景联系自己的身世遭遇,借以排遣忧愤之情,是宋代知识分子追求独立人格的写照。文天祥的《过零丁洋》,"人生自古谁无死,留取丹心照汗青"成为塑造民族精神的宝贵财富。

水文化中巧夺天工的水利工程,美轮美奂的绘画雕刻、碑刻书法等艺术品,可以涵盖在艺术学科体系中。雕塑方面有冰雕、雪雕。绘画方面有水彩画、水粉画、水墨画、山水画。舞蹈与戏剧方面有现代舞蹈表演剧团云门舞集的作品:水月、九歌(舞剧)。音乐方面有韩得尔著名的交响乐作品"水上音乐"。

另外,水文化涵盖人类学、民族学、宗教学、心理学等人文社会科学各学科,因此水文化教学可以将众学科融为一炉,使学生真切而不空洞地感受中国文化之博大精深。

三、水文化的课程设置可以融合专业课与人文通识课

通识教育的主要课程是公共选修课,但公共选修课程数量大多不足。近几年,由于高校持续扩招,大学生人数逐年增加,开设的公共选修课无法满足学生选课的要求。尤其是很多理工类院校本身缺乏浓厚的人文氛围,学校也不重视通识课的教学。另外,缺乏适宜的通识教材。在高校通识教育的两大课程体系中,公共必修课的教材可谓品种繁多,而合适的公共选修课教材却很缺乏。许多公共选修课只有讲义没有教材。通识教材的缺乏,使通识教育教学质量受到了影响,也影响了通识教育的开展。

水文化作为重要的课程资源,可以有力地弥补高等学校公共选修课单薄的现状。具体的课程设置上,应该由水文化概论、水文化经典导读、水文学经典导读等课程组成。水文化概论包括水与生命形成、大河流域与人类文明、中国传统水思想、中国古代水利工程奇迹、水与人类可持续发展等章节。水文化经典导读是采撷《论语》《老子》《孟子》《荀子》《管子》《孙子兵法》《论衡》等经典中论水篇章组成的。水文学经典导读包括历代与水有关的神话、诗歌、散文、小说。

水文化通识教育应该立足于培养兴趣、涵养品质、提升境界,力戒知识灌输和过多的学术训练,注重人文熏陶和审美感知。通识课程的设计应该是结合自己的办学特点,注重专业课程教学中科技与人文教育内容的融合。❶ 水文化正好可以作为一个媒介,沟通专业课程和通识教育,融合自然科学与人文科学。例如,水资源管理课程改革中可以实现科学技术和水思想的融合;节水灌溉技术这门专业课可结合历代伟大的水利工程进行讲授,使得学生获得感染与启发。

总之,我国有着悠久的知行合一的学术传统,水文化的研究也应以普及和利用为宗旨。水文化课程承载着人文社会科学诸多学科门类,建设好这门课程可以对学生进行有效的人文通识训练,陶冶高校学生的道德情操,熔铸思想道德素质,实现马克思人的全面发展的根本教育宗旨。

---

❶ 路荣平. 高职院校通识教育探析[J]. 职教论坛,2011(19):16-19.

第一章 水与中华文明

中华文明与水有着不解之缘。一方面,黄河、长江孕育了辉煌灿烂的农业文明,在其沿岸诞生了大大小小不同的文明遗址;另一方面,大江大河季节性的泛滥给沿岸居民带来极大灾难,治水成为原始部落首要的任务。自夏王朝建立以来,历代治国者均高度重视治水,我国历史上的文景之治、贞观之治、康乾盛世等繁荣时期无不得益于"海清河晏"的治水成功;每一个衰世也与水利失修密切相关,如元末黄河泛滥,民国长江特大洪灾、花园口决堤。可以说,兴水利、除水害历来为治国安邦的大事,决定着中华民族数千年文明的走向。

第一节 治水与国家的诞生

我国是世界上最早出现人类的国家之一,一百七十万年前已经出现了人类活动,元谋人是目前公认的中国境内最早的人类。经过漫长的岁月,原始人类完成了从原始群、氏族、部落到国家的发展。学者认为,治水是促成华夏民族国家形成的关键要素。在治水过程中,各个部族实现了大联合,组织严密、高度集权的治水机构成为国家的雏形,治水英雄大禹成为万民敬仰的领袖,第一个奴隶制国家夏由此诞生。

一、大禹治水❶

夏禹,名曰文命。禹之父曰鲧,鲧之父曰帝颛顼,颛顼之父曰昌意,昌意之父曰黄帝。禹者,黄帝之玄孙而帝颛顼之孙也。禹之曾大父昌意及父鲧皆不得在帝位,为人臣。

当帝尧之时,鸿水❷滔天,浩浩怀山襄陵❸,下民其忧。尧求能治水者,群臣四岳❹皆曰鲧可。尧曰:"鲧为人负命毁族❺,不可。"四岳曰:"等之❻未有贤於鲧者,原帝试之。"於是尧听四岳,用鲧治水。九年而水不息,功用不成。於是帝尧乃求人,更得舜。舜登用,摄行天子之政,巡狩❼。行视鲧之治水无状❽,乃殛鲧於羽山以死❾。天下皆以舜之诛为是。於是舜举鲧子禹,而使续鲧之业。

---

❶ 本节选自《史记·夏本纪》。
❷ "鸿",通"洪",洪水传说在世界各国古代都曾有过。
❸ 《孔传》:洪水包围大山,漫溢越过丘陵。
❹ 四岳,姜戎氏及姜姓宗族的宗神。
❺ 负命,违背命令。毁族,毁害同族类的人。
❻ 等之,和鲧同等辈分的人。
❼ 巡狩,《孟子·梁惠王下》,"天子适诸侯曰巡狩。巡狩者,巡所守也。"意为巡行视察诸侯为天子所守的疆土。
❽ 无状,办事不像样子,事情办坏无成绩。
❾ 殛,杀。羽山,有说在山东蓬莱,有说在江苏赣榆。

大禹治水

　　尧崩，帝舜问四岳曰："有能成美尧之事者使居官？"皆曰："伯禹为司空❶，可成美尧之功。"舜曰："嗟，然！"命禹："女平水土，维是勉之。"禹拜稽首，让於契❷、后稷❸、皋陶❹。舜曰："女❺其往视尔事矣。"

　　禹为人敏给克勤；其德不违，其仁可亲，其言可信；声为律❻，身为度❼，称以出❽；亹亹穆穆❾，为纲为纪❿。

　　禹乃遂与益⓫、后稷奉帝命，命诸侯百姓兴人徒以傅土⓬，行山表木⓭，定高山大川。禹伤先人父鲧功之不成受诛，乃劳身焦思，居外十三年，过家门不敢入。薄衣食，致孝于鬼神。卑宫室，致费於沟淢⓮。陆行乘车，水行乘船，泥行乘橇，山行乘檋⓯。左准绳，右规矩，载四时，以开九州，通九道，陂九泽，度九山。令益予众庶稻，可种卑湿。命后稷予众庶难得之食。食少，调有余相给，以均诸侯。禹乃行相地宜所有以贡，及山川之便利。

---

❶　司空，古官名，西周始置。在西周金文中作"司工"，掌水利、营建之事。此处以后代官名，编尧舜时故事。

❷　契，商代始祖，有天命玄鸟降生的神话。

❸　后稷，周代始祖，史书记载其母履上帝脚印而怀孕所生，被封为农业神。

❹　皋陶，gāo yáo，上古传说人物，与尧、舜、大禹齐名的"上古四圣"之一。

❺　女，通"汝"，意为你。

❻　声为律，其声就是律吕，意为禹讲话的声音自然应于音律。

❼　身为度，以身作为法度，此句是说禹的动作举止都可成为法度。

❽　称以出，度量衡也出自大禹之手。上文说声与身为律、度，则权衡也当出其身。

❾　"亹亹"，wěi wěi，勤勉不倦。"穆穆"，肃敬。

❿　为纲为纪，为天下维系大纲和治理统绪。

⓫　"益"，即伯益，传说为皋陶之子。

⓬　兴人徒以傅土，治水中组织人力安排各项土木工程之事。

⓭　在山林中刊去木皮使其白色多，做行道的高下标识。

⓮　淢，yù，古同"洫"，沟渠。

⓯　檋，wěi，上山时绑在鞋上防止跌倒的工具。

禹行自冀州❶始。冀州：既载壶口，治梁及岐。既脩太原，至于岳阳❷。覃怀❸致功，至於衡漳❹。其土白壤❺，赋上上错，田中中，常、卫既从，大陆既为。鸟夷皮服。夹右碣石，入于海。

济、河维沇州❻：九河既道，雷夏既泽，雍、沮会同，桑土既蚕，于是民得下丘居土。其土黑坟❼，草繇木条❽。田中下，赋贞，作十有三年乃同。其贡漆丝，其篚❾织文。浮于济、漯，通于河。

海岱❿维青州⓫：堣夷既略，潍、淄其道。其土白坟⓬，海滨广潟⓭，厥田斥卤⓮。田上下，赋中上。厥贡盐絺⓯，海物维错，岱畎丝、枲、铅、松、怪石，莱夷为牧，其篚檿丝⓰。浮于汶，通于济。

海岱及淮维徐州：淮、沂其治，蒙、羽其艺⓱。大野既都⓲，东原底平⓳。其土赤埴⓴坟，草木渐包。其田上中，赋中中。贡维土五色㉑，羽畎夏狄㉒，峄阳孤桐，泗滨浮磬，淮夷蠙珠暨鱼㉓，其篚玄纤缟㉔。浮于淮、泗，通于河。

淮海维扬州：彭蠡既都，阳鸟所居。三江既入，震泽致定。竹箭既布。其草惟夭㉕，其木惟乔，其土涂泥。田下下，赋下上上杂。贡金三品，瑶、琨、竹箭、齿、革、羽、旄，岛夷卉服，其篚织贝，其包橘、柚锡贡。均江海，通淮、泗。

荆及衡阳维荆州：江、汉朝宗于海。九江甚中，沱、涔已道，云土、梦为治。其土涂泥。

---

❶ 冀州，传说中尧舜禹帝都所在，包括今山西省全境、河北西北部、河南北部等地区。

❷ 岳阳，山西太岳山以南大部分地区。

❸ 覃怀，河内郡怀县，今河南省焦作市武陟县西南土城村附近。

❹ 衡漳，浊漳水，在山西境内。

❺ 砂质盐渍之土为白壤。

❻ 沇州，《禹贡》作兖州，位于济水以北、古黄河以南，包括今山东省西部、河南省东北部、河北省东南部。

❼ 黑坟，色黑而坟起，谓土地肥沃。

❽ "繇"，yáo，茂盛；"条"，长大。花草茂盛，树木长大。

❾ 篚，fěi，竹器，如篚。后多用青铜制作。

❿ 海，渤海、黄海；岱，泰山。

⓫ 青州，泰山与渤海之间的地域范围，在今山东省东部。

⓬ 白坟，色较浅的膏肥之地。

⓭ 广潟(xǐ)：宽广而且含碱。潟，盐碱地。

⓮ 斥卤(lǔ，鲁)：盐碱地。

⓯ 絺(chī，吃)：细葛布。

⓰ 檿(yǎn，眼)丝：即柞蚕丝，可用来制琴弦。

⓱ 艺：种植。

⓲ 都：通"潴"，水停聚的地方。

⓳ 底(dǐ，底。旧读 zhǐ，纸)：致。平：得到平复。

⓴ 埴：黏土。

㉑ 土五色：五种颜色的泥土。古代帝王用五色土立社(祭祀土地之神的场所)，五种不同颜色代表五方：东方青，南方赤，西方白，北方黑，中央黄。将封诸侯的时候，各取一方之土，放在白茅上，作为封地的证物。

㉒ 夏：大。狄：通"翟"，长尾野鸡。

㉓ 蠙(pín)珠暨(jì)鱼：珠，即珍珠。暨，古"暨"字，及，与。

㉔ 玄纤缟：非常细洁的黑、白丝绸。玄，黑色。纤，细。缟，白绢。

㉕ 夭：茂盛的样子。

田下中，赋上下。贡羽、旄、齿、革，金三品，杶、幹❶、栝、柏，砺、砥❷，砮❸、丹❹，维箘簵、楛❺，三国致贡其名，包匦菁茅❻，其篚玄纁玑组❼，九江入赐大龟。浮于江、沱、潜、（于）汉，逾于雒，至于南河。

荆河惟豫州：伊、雒、瀍、涧❽既入于河，荥播既都，道菏泽，被明都。其土壤，下土坟垆。田中上，赋杂上中。贡漆、丝、绤、纻，其篚纤纩，锡贡磬错。浮于雒，达于河。

华阳黑水惟梁州：汶、嶓既艺，沱、潜既道，蔡、蒙旅平，和夷厎绩❾。其土青骊❿。田下上，赋下中三错。贡璆、铁、银、镂、砮、磬，熊、罴、狐、狸、织皮。西倾因桓是来，浮于潜，逾于沔，入于渭，乱⓫于河。

黑水西河惟雍州：弱水既西，泾属渭汭。漆、沮既从，沣水所同。荆、岐已旅，终南、敦物至于鸟鼠。原隰厎绩，至于都野。三危既度，三苗大序。其土黄壤。田上上，赋中下。贡璆、琳、琅玕。浮于积石，至于龙门西河，会于渭汭。织皮昆仑、析支、渠搜，西戎即序。

道九山：汧及岐至于荆山，逾于河；壶口、雷首至于太岳；砥柱、析城至于王屋；太行、常山至于碣石，入于海；西倾、朱围、鸟鼠至于太华；熊耳、外方、桐柏至于负尾；道嶓冢，至于荆山；内方至于大别；汶山之阳至衡山，过九江，至于敷浅原。

道九川：弱水至于合黎，馀波入于流沙。道黑水，至于三危，入于南海。道河积石，至于龙门，南至华阴，东至砥柱，又东至于盟津，东过雒汭，至于大邳，北过降水，至于大陆，北播为九河，同为逆河，入于海。嶓冢道漾，东流为汉，又东为苍浪之水，过三澨，入于大别，南入于江，东汇泽为彭蠡，东为北江，入于海。汶山道江，东别为沱，又东至于醴，过九江，至于东陵，东迤北会于汇，东为中江，入于梅。道沇水，东为济，入于河，洪为荥，东出陶丘北，又东至于荷，又东北会于汶，又东北入于海。道淮自桐柏，东会于泗、沂，东入于海。道渭自鸟鼠同穴，东会于沣，又东北至于泾，东过漆、沮，入于河。道雒自熊耳，东北会于涧、瀍，又东会于伊，东北入于河。

【白话文翻译】

夏禹，名叫文命。他的父亲叫鲧，鲧的父亲叫帝颛顼，颛顼的父亲叫昌意，昌意的父亲叫黄帝。禹就是黄帝的玄孙和颛顼的孙子。只有禹的曾祖父昌意和父亲鲧不曾登过帝位，而是做臣子。

当帝尧的时候，滔滔的洪水，浩浩荡荡地包围了山岳，漫没了丘陵，老百姓陷在愁苦

---

❶ 杶：椿树。幹（gān，干）：柘树。木质韧细密，可作弓。
❷ 砺、砥：磨刀石。砺粗砥细。
❸ 砮：一种石头，可做箭头。
❹ 丹：丹砂。
❺ 箘簵：一种细长节稀的竹子，可做箭杆。楛：一种可作箭杆的荆条。
❻ 包匦菁茅：包裹和装在匣子里的菁茅。匦，匣子。菁茅，祭祀时用来滤酒的一种香茅。
❼ 玄纁：彩色的帛。玄，黑中带红。纁，浅红色。《集解》引孔安国曰："此州（指荆州）染玄纁色善，故贡之。"玑：珠子之类。组：丝带。
❽ 伊、雒（luò）、瀍（chán）、涧，伊水、洛水、瀍水、涧水，都是黄河的支流。
❾ "和夷"，和水（《说文》作"渷水"，今大渡河）以南的西南夷。厎（zhǐ）绩，致功，取得功绩。
❿ 青骊（lí，丽）：黑色。
⓫ 乱：横渡。

中。尧急着要找到能治水的人,群臣、四岳都说鲧可以。尧说:"鲧是个违背上命、败坏同族的人,不可用。"四岳说:"这一辈人中没有比鲧更能干的了,希望陛下试试。"于是尧采纳了四岳的意见,用鲧治水。费了九年功夫,洪水之患没有平息,治水无功。于是帝尧就再设法寻求人才,另外得到了舜。舜被提拔重用,代理执行天子的职务,按时巡行视察各地诸侯所守的疆土。于巡行中发现鲧治水太不像话,就在羽山海边诛杀了鲧。天下的人都认为舜处理得当。这时舜选拔了鲧的儿子禹,任他继续从事鲧的治水事业。

尧崩逝后,帝舜问四岳:"有能够很好地完成尧的事业、可以担任官职的人吗?"四岳说:"如果让伯禹做司空,一定能很好地完成尧的勋业。"帝舜说:"啊!就这样吧!"因此就任命禹,并对他说:"你去平治水土,要好好地干啊!"禹下拜叩头,推让给契、后稷、皋陶等人。舜说:"还是你去担负起你的这一任务吧!"

禹为人办事敏捷而又勤奋,他的品德不违正道,他仁爱之怀人人可亲,他讲的话诚实可信,发出来的声音自然得如同音律,动作举止自然得可为法度,乃至重要规范准则都可从他身上得出。他勤勉肃敬,可作为人所共遵的纲纪。

禹就和伯益、后稷一起奉帝舜之命,命令诸侯百官征集民夫,展开平治水土工作。随着山势树立标识,确定那些高山大川。禹伤痛父亲鲧治水无功被杀,因此劳身苦思,在外十三年,三次经过自己家门也不敢进。自己吃穿都很简朴,但对祖先神明的祭祀却很丰厚尽礼。自己居住的房屋很简陋,却不惜耗巨资于修渠挖沟等水利工程。他赶旱路坐车,走水路坐船,走泥泞的路坐橇,走山路用屐底有齿的樏。经常随身离不开的东西,就是测定平直的水准和绳墨,划定图式的圆规和方矩,四时都带着它们,用以开划九州,辟通九州道路,修筑九州湖泽堤障,计度九州山岳脉络。同时叫伯益发放稻种,教群众在卑湿地方种植。叫后稷当群众在难于得到食物时发给食物。缺粮少食的地方,便调有余地方粮食来补其不足,务使各诸侯境内丰歉均一。禹又巡视各地所特有的物产以定其贡赋,还视察了各地山川的便利情况。

禹督导治水的行程从冀州开始。冀州:已治理了壶口,接着治理梁山和岐山。修整了太原之后,接着修整到泰岳南面地区。覃怀地区也完工了,就到了衡漳水一带。常水(恒水)、卫水也都随河道流畅了,大陆泽周围土地都可耕作了。这一州的土壤是白壤,田地列在第五等,赋税第一等,不过随年的丰歉杂出第二等。东北的鸟夷族贡纳供贵族服用的珍奇异兽皮毛,他们遵海路入贡,在沿海岸(辽东湾西岸)向南航行的航道上,看到右拐角处的碣石便据以转而向西航驶,直驶入黄河航道。

济水和黄河之间是兖州。黄河下游的九条河道已畅通,雷夏洼地已汇聚成湖泽,雍水、沮水也都汇流到雷夏泽中,能种桑的土地上已经在养蚕,于是人民得以从躲避洪水迁居的高地下到平地居住。这一州的土壤是黑坟,它上面披盖着茂盛的长林丰草。田地列在第六等,赋税则为第九等。这一州经过十三年的农作耕耘,才赶上其他各州。这一州的贡物是漆和丝,还有装在筐子里进贡的文彩美丽的丝织品。它的进贡道路是由船运经济水、漯水,直达黄河。

地跨东边的海,直至西边的泰山,这一地域是青州。已经给居住在东北的堣夷族划定疆界,使获安居;又疏通潍水、淄水,使这一地区也获得治理。这一州的土壤是白坟,海滨则是咸卤盐场。田地列在第三等,赋税则为第四等。这一州的贡物是盐、精细的葛布、海产品以及磨玉的砺石,并有泰山山谷里出的丝、麻、铅、松、似玉之石和莱夷族所献的畜产,还有装在筐子里进贡的山桑蚕丝。它的进贡道路是由汶水船运直达济水(再由济入河)。

东边沿海,北边至泰山,南边至淮水之间的地域是徐州。淮水和沂水都已经治理,蒙山、羽山地方也都可耕种,大野泽也已汇积成湖,东原地区的水潦已去,地已平复。这一州的土壤是赤埴坟,它上面的草木繁茂丛生。田地列在第二等,赋税则为第五等。这一州的贡物是五色土,羽山谷中所出的五色雉羽,峄山之阳特产的制琴良材名桐,泗水滨的浮磐石,和淮夷族所献的珍珠贝及渔产,还有装在筐子里进贡的赤黑色细缯和白色绸帛。进贡道路由淮水船运入泗,再通于菏水(再由菏入济以通河)。

北起淮河,东南到海之地是扬州。彭蠡之域已汇集众水成湖,作为每年雁阵南飞息冬之地。彭蠡以东诸江水已入于海,太湖水域也就安定了。于是遍地长满丛生的竹林,到处尽见茂盛的芳草、葱翠的乔木。这一州的土壤是涂泥,田地列在第九等,赋税则为第七等,有时杂出为第六等。这一州的贡物是三种成色的铜,以及瑶琨美玉、竹材、象牙、异兽之革、珍禽之羽、旄牛之尾,和岛夷族所献的一种称为"卉服"的细葛布,还有装在筐子里进贡的绚丽的贝锦,和妥加包装进贡的橘子、柚子。这些贡品都经由大海、长江进入淮河、泗水。

荆山到衡山的南面是荆州:这个地区有长江、汉水注入大海。长江的众多支流大都有了固定的河道,沱水、涔水业已疏导,云泽、梦泽也治理好了。这里的土质湿润,田地属下中,即第八等,赋税居上中,即第三等。进贡的物品是羽毛、旄牛尾、象牙、皮革、三色铜,以及椿木、柘(zhè,蔗)木、桧木、柏木,还有粗细磨石,可做箭头的砮(nǔ,努)石、丹砂,特别是可做箭杆的竹子箘(jùn,郡)簵(lù,路)和楛(hù,户)木是汉水附近三个诸侯国进贡的最有名的特产,还有包裹着和装在匣子里的供祭祀时滤酒用的青茅,用竹筐盛着的彩色布帛,以及穿珠子用的丝带,有时根据命令进贡九江出产的大龟。进贡时,经由长江、沱水、涔水、汉水,转行一段陆路再进入洛水,然后转入南河。

荆州和黄河之间是豫州:伊水、洛水、瀍水、涧水都已疏通注入黄河,荥播也汇成了一个湖泊,还疏浚了菏泽,修筑了明都泽的堤防。这里的土质松软肥沃,低地则是肥沃坚实的黑土。田地属中上,即第四等,赋税居上中,即第二等,有时居第一等。进贡漆、丝、细葛布、麻,以及用竹筐盛着的细丝絮,有时按命令进贡治玉磐用的石头,进贡时走水路,经洛水进入黄河。

华山南麓到黑水之间是梁州:汶(岷)山、蟠冢山都可以耕种,沱水、涔水也已经疏通,蔡山、蒙山的道路已经修好,在和夷地区治水也取得了成效。这里的土质是青黑色的,田地属下上,即第七等,赋税居下中,即第八等,有时也居第七等或第九等。贡品有美玉、铁、银、可以刻镂的硬铁、可以做箭头的砮石、可以制磐的磐石,以及熊、罴、狐狸。织皮族的贡品由西戎西倾山经桓水运出,再从潜水船运,进入沔(miǎn,免)水,然后走一段山路进入渭水,最后横渡黄河到达京城。

黑水与黄河西岸之间是雍州:弱水经治理已向西流去,泾水汇入了渭水。漆水、沮水跟着也汇入渭水,还有沣水同样汇入渭水。荆山、岐山的道路业已开通,终南山、敦物山一直到鸟鼠山的道路也已竣工。高原和低谷的治理工程都取得了成绩,一直治理到都野泽一带。三危山地区可以居住了,三苗族也大为顺服。这里的土质色黄而且松软肥沃,田地属上上，即第一等，赋税居中下，即第六等。贡品是美玉和美石。进贡时从积石山下走水路，顺流到达龙门山间的西河，汇集到渭水湾里。织皮族居住在昆仑山、枝支山、渠搜山等地，那时西戎各国也归服了。

禹开通了九条山脉的道路：一条从汧山和岐山始一直开到荆山，越过黄河；一条从壶口山、雷首山一直开到太岳山；一条从砥柱山、析城山一直开到王屋山；一条从太行山、常山一直开到碣石山，进入海中与水路接通；一条从西倾山、朱圉山、鸟鼠山一直开到太华山；一条从熊耳山、外方山、桐柏山一直开到负尾山；一条从嶓冢山一直开到荆山；一条从内方山一直开到大别山；一条从汶山的南面开到衡山，越过九江，最后到达敷浅原山。

禹疏导了九条大河：把弱水疏导至合黎，使弱水的下游注入流沙（沙漠）。疏导了黑水，经过三危山，流入南海（青海）。疏导黄河，从积石山开始，到龙门山，向南到华阴，然后东折经过砥柱山，继续向东到孟津，再向东经过洛水入河口，直到大邳；转而向北经过降水，到大陆泽，再向北分为九条河，这九条河到下游又汇合为一条，叫作逆河，最后流入大海。从嶓冢山开始疏导漾水，向东流就是汉水，再向东流就是苍浪水，经过三澨水，到大别山，南折注入长江，再向东与彭蠡泽之水汇合，继续向东就是北江，流入大海。从汶山开始疏导长江，向东分出支流就是沱水，再往东到达醴水，经过九江，到达东陵，向东斜行北流，与彭蠡泽之水汇合，继续向东就是中江，最后流入大海。疏导沇水，向东流就是济水，注入黄河，两水相遇，溢为荥泽，向东经过陶丘北面，继续向东到达菏泽，向东北与汶水汇合，再向北流入大海。从桐柏山开始疏导淮水，向东与泗水、沂水汇合，再向东流入大海。疏导渭水，从鸟鼠同穴山开始，往东与沣水汇合，又向东与泾水汇合，再往东经过漆水、沮水，流入黄河。疏导洛水，从熊耳山开始，向东北与涧水、瀍水汇合，又向东与伊水汇合，再向东北流入黄河。

【解读】

本文选自西汉史学家司马迁所著《史记·夏本纪》，《夏本纪》根据《尚书》及有关历史传说，系统地叙述了由夏禹到夏桀约四百年间的历史，向人们展示了由原始部落联盟向奴隶制社会过渡时期的政治、经济、军事、文化及人民生活等方面的概貌，尤其突出地描写了夏禹这样一个功绩卓著的远古部落首领和帝王的形象。

传说在远古的尧帝时期，黄河流域经常发生洪水。为了制止洪水泛滥，保护农业生产，尧帝曾召集部落首领会议，征求治水能手来平息水害。鲧被推荐来负责这项工作。鲧接受任务后，作三仞之城，想把居住区围护起来堵塞洪水，做了九年也没做好，最后被放逐到羽山而死。舜帝继位以后，任用鲧的儿子禹治水。禹总结父亲的治水经验，治水方法为"疏顺导滞"，就是利用水自高向低流的自然趋势，顺地形把淤塞的川流疏通，把洪水引入疏通的河道、洼地或湖泊，然后汇通四海，从而平息了水患，使百姓得以从高地迁回平川居住和从事农业生产。

在大禹治水的过程中，留下了很多脍炙人口的感人传说。相传禹借助自己发明的原始测量工具——准绳和规矩，走遍大河上下，用神斧劈开龙门，凿通积石山和青铜峡，使河水畅通无阻；他治水居外十三年，三过家门而不入，连自己刚出生的孩子都没工夫去爱抚；他不畏艰苦，身先士卒，他是中国历史上第一位成功地治理黄河水患的治水英雄。尽管大禹的形象有很多神话传说色彩，但他治水的业绩早已在中华民族的历史上树起了一座永

第一章 水与中华文明

不磨灭的丰碑；他伟大的奉献精神也早已千古传颂，是永远值得学习和效法的。

二、夏王朝的建立❶

禹定九州

於是九州攸同，四奥既居，九山刊旅，九川涤原，九泽既陂，四海会同。六府甚脩，众土交正，致慎财赋，咸则三壤成赋。中国赐土姓："祗台德先，不距朕行。"

令天子之国以外五百里甸服：百里赋纳緫，二百里纳铚，三百里纳秸服，四百里粟，五百里米。甸服外五百里侯服：百里采，二百里任国，三百里诸侯。侯服外五百里绥服：三百里揆文教，二百里奋武卫。绥服外五百里要服：三百里夷，二百里蔡。要服外五百里荒服：三百里蛮，二百里流。

东渐于海，西被于流沙，朔、南暨：声教讫于四海。於是帝锡禹玄圭，以告成功于天下。天下於是太平治。

皋陶作士以理民。帝舜朝，禹、伯夷、皋陶相与语帝前。皋陶述其谋曰："信其道德，谋明辅和。"禹曰："然，如何？"皋陶曰："于！慎其身修，思长，敦序九族，众明高翼，近可远在已。"禹拜美言，曰："然。"皋陶曰："于！在知人，在安民。"禹曰："吁！皆若是，惟帝其难之。知人则智，能官人；能安民则惠，黎民怀之。能知能惠，何忧乎讙兜，何迁乎有苗，何畏乎巧言善色佞人？"皋陶曰："然，于！亦行有九德，亦言其有德。"乃言曰："始事事，宽而栗，柔而立，愿而共，治而敬，扰而毅，直而温，简而廉，刚而实，强而义，章其有常，吉哉。日宣三德，蚤夜翊明有家。日严振敬六德，亮采有国。翕受普施，九德咸事，俊乂在官，百吏肃谨。毋教邪淫奇谋。非其人居其官，是谓乱天事。天讨有罪，五刑五用哉。吾言底可行乎？"禹曰："女言致可绩行。"皋陶曰："余未有知，思赞道哉。"

帝舜谓禹曰："女亦昌言。"禹拜曰："于，予何言！予思日孳孳。"皋陶难禹曰："何谓孳孳？"禹曰："鸿水滔天，浩浩怀山襄陵，下民皆服于水。予陆行乘车，水行乘舟，泥行乘橇，山行乘檋，行山刊木。与益予众庶稻鲜食。以决九川致四海，浚畎浍致之川。与稷予众庶

---

❶ 本节选自《史记·夏本纪》。

难得之食。食少，调有余补不足，徙居。众民乃定，万国为治。"皋陶曰："然，此而美也。"

禹曰："于，帝！慎乃在位，安尔止。辅德，天下大应。清意以昭待上帝命，天其重命用休。"帝曰："吁，臣哉，臣哉！臣作朕股肱耳目。予欲左右有民，女辅之。余欲观古人之象。日月星辰，作文绣服色，女明之。予欲闻六律五声八音，来始滑，以出入五言，女听。予即辟，女匡拂予。女无面谀。退而谤予。敬四辅臣。诸众谗嬖臣，君德诚施皆清矣。"禹曰："然。帝即不时，布同善恶则毋功。"

帝曰："毋若丹朱傲，维慢游是好，毋水行舟，朋淫于家，用绝其世。予不能顺是。"禹曰："予（辛壬）娶涂山，（辛壬）癸甲，生启予不子，以故能成水土功。辅成五服，至于五千里，州十二师，外薄四海，咸建五长，各道有功。苗顽不即功，帝其念哉。"帝曰："道吾德，乃女功序之也。"

皋陶于是敬禹之德，令民皆则禹。不如言，刑从之。舜德大明。

于是夔行乐，祖考至，群后相让，鸟兽翔舞，箫韶九成，凤凰来仪，百兽率舞，百官信谐。帝用此作歌曰："陟天之命，维时维几。"乃歌曰："股肱喜哉，元首起哉，百工熙哉！"皋陶拜手稽首扬言曰："念哉，率为兴事，慎乃宪，敬哉！"乃更为歌曰："元首明哉，股肱良哉，庶事康哉！"（舜）又歌曰："元首丛脞哉，股肱惰哉，万事堕哉！"帝拜曰："然，往钦哉！"于是天下皆宗禹之明度数声乐，为山川神主。

帝舜荐禹於天，为嗣。十七年而帝舜崩。三年丧毕，禹辞辟舜之子商均於阳城。天下诸侯皆去商均而朝禹。禹於是遂即天子位，南面朝天下，国号曰夏后，姓姒氏。

帝禹立而举皋陶荐之，且授政焉，而皋陶卒。封皋陶之后於英、六，或在许。而后举益，任之政。

十年，帝禹东巡狩，至于会稽而崩。以天下授益。三年之丧毕，益让帝禹之子启，而辟居箕山之阳。禹子启贤，天下属意焉。及禹崩，虽授益，益之佐禹日浅，天下未洽。故诸侯皆去益而朝启，曰"吾君帝禹之子也"。於是启遂即天子之位，是为夏后帝启。

……

太史公曰：禹为姒姓，其後分封，用国为姓，故有夏后氏、有扈氏、有男氏、斟寻氏、彤城氏、褒氏、费氏、杞氏、缯氏、辛氏、冥氏、斟戈氏。孔子正夏时，学者多传夏小正云。自虞、夏时，贡赋备矣。或言禹会诸侯江南，计功而崩，因葬焉，命曰会稽。会稽者，会计也。

【白话文翻译】

所有的山川河流都治理好了，从此九州统一，四境之内都可以居住了，九条山脉开出了道路，九条大河疏通了水源，九个大湖筑起了堤防，四海之内的诸侯都可以来京城会盟和朝觐了。金、木、水、火、土、谷六库的物资治理得很好，各方的土地美恶高下都评定出等级，能按照规定认真进贡纳税，赋税的等级都是根据三种不同的土壤等级来确定的。还在华夏境内九州之中分封诸侯，赐给土地，赐给姓氏，并说："要恭敬地把德行放在第一位，不要违背我天子的各种措施。"

禹下令规定天子国都以外五百里的地区为甸服，即为天子服田役纳谷税的地区：紧靠王城百里以内要交纳收割的整棵庄稼，一百里以外到二百里以内要交纳禾穗，二百里以外到三百里以内要交纳谷粒，三百里以外到四百里以内要交纳粗米，四百里以外到五百里以内要交纳精米。甸服以外五百里的地区为侯服，即为天子侦察顺逆和服侍王命的地区：靠近甸服一百里以内是卿大夫的采邑,往外二百里以内为小的封国,再往外二(原文作"三")百里以内为诸侯的封地。侯服以外五百里的地区为绥服,即受天子安抚,推行教化的地区:靠近侯服三百里以内视情况来推行礼乐法度、文章教化,往外二百里以内要振兴武威,保卫天子。绥服以外五百里的地区为要(yāo,腰)服,即受天子约束、服从天子的地区:靠近绥服三百里以内要遵守教化,和平相处;往外二百里以内要遵守王法。要服以外五百里的地区为荒服,即为天子守卫远边的荒远地区:靠近要服三百里以内荒凉落后,那里的人来去不受限制;再往外二百里以内可以随意居处,不受约束。

这样,东临大海,西至沙漠,从北方到南方,天子的声威教化达到了四方荒远的边陲。于是舜帝为表彰禹治水有功而赐给他一块代表水色的黑色宝玉,向天下宣告治水成功。天下从此太平安定。

皋陶担任执法的士这一官职,治理民众。舜帝上朝,禹、伯夷、皋陶一块儿在舜帝面前谈话。皋陶申述他的意见:"遵循道德确定不移,就能做到谋略高明,臣下团结。"禹说:"很对,但应该怎样做呢?"皋陶说:"哦,要谨慎对待自身修养,要有长远打算,使上至高祖下至玄孙的同族人亲厚稳定,这样,众多有见识的人就都会努力辅佐你,由近处可以推及至远处,一定要从自身做起。"禹拜谢皋陶的善言,说:"对。"皋陶说:"哦,还有,成就德业就在于能够了解人,能够安抚民众。"禹说:"呵!都像这样,即使是尧帝恐怕也会感到困难的。能了解人就是明智,就能恰当地给人安排官职;能安抚民众就是仁惠,黎民百姓都会爱戴你。如果既能了解人,又能仁惠,还忧虑什么驩(huān,欢)兜,何必流放有苗,何必害怕花言巧语伪善谄媚的小人呢?"皋陶说:"对,是这样。检查一个人的行为要根据九种品德,检查一个人的言论,也要看他是否有好的品德。"他接着说道:"开始先从办事来检验,宽厚而又威严,温和而又坚定,诚实而又恭敬,有才能而又小心谨慎,善良而又刚毅,正直而又和气,平易而又有棱角,果断而又讲求实效,强有力而又讲道理,要重用那些具有九德的善士呀!能每日宣明三种品德,早晚谨行努力,卿大夫就能保有他的采邑。每日严肃恭敬地实行六种品德,认真辅佐王事,诸侯就可以保有他的封国。能全部具备这九种品德并普遍施行,就可以使有才德的人都居官任职,使所有的官吏都严肃认真办理自己的政务。不要叫人们胡作非为,胡思乱想。如果让不适当的人居于官位,就叫作扰乱上天所命的大事。上天惩罚有罪的人,用五种刑罚处治犯有五种罪行的罪人。我讲的大抵可以行得通吧?"禹说:"如果按你的话行事,一定会做出成绩的。"皋陶说:"我才智浅薄,只是希望有助于推行治天下之道。"

舜帝对禹说:"你也说说你的好意见吧。"禹谦恭地行了拜礼,说:"哦,我说什么呢?我只想每天勤恳努力地办事。"皋陶追问道:"怎样才叫勤恳努力?"禹说:"洪水滔天,浩浩荡荡,包围了高山,漫上了丘陵,下民都遭受着洪水的威胁。我在陆地上行走乘车,在水中行走乘船,在泥沼中行走乘木橇,在山路上行走就穿上带铁齿的鞋,翻山越岭,树立木桩,在山上作了标志。我和益一块,给黎民百姓稻粮和新鲜的肉食。疏导九条河道引入大海,又疏浚田间沟渠引入河道。和稷一起赈济吃粮困难的民众。粮食匮乏时,从粮食较多的地区调剂给粮食欠缺的地区,或者叫百姓迁到有粮食的地区居住。民众安定下来了,各诸侯国也都治理好了。"皋陶说:"是啊,这些是你的巨大业绩。"

禹说:"啊,帝!谨慎对待您的在位之臣,稳稳当当处理您的政务。辅佐的大臣有德行,天下人都会响应拥护您。您用清静之心奉行上帝的命令,上天会经常把美好的福瑞降临给您。"舜帝说:"啊,大臣呀,大臣呀!大臣是我的臂膀和耳目。我想帮助天下民众,你们要辅助我。我想要效法古人衣服上的图像,按照日月星辰的天象制作锦绣服装,你们要明确各种服装的等级。我想通过各地音乐的雅正与淫邪等来考察那里政教的情况,以便取舍各方的意见,你们要仔细地辨听。我的言行如有不正当的地方,你们要纠正我。你们不要当面奉承,回去之后却又指责我。我敬重前后左右辅佐大臣。至于那些搬弄是非的佞臣,只要君主的德政真正施行,他们就会被清除了。"禹说:"对。您如果不这样,好人坏人混而不分,那就不会成就大事。"

舜帝说:"你们不要学丹朱那样桀骜骄横,只喜欢怠惰放荡,在无水的陆地上行船,聚众在家里干淫乱之事,以致不能继承帝位。对这种人,我决不听之任之。"禹说:"我娶涂山氏的女儿时,新婚四天就离家赴职,生下启,我也未曾抚育过,因引才能使平治水土的工作取得成功。我帮助帝王设置了五服,范围达到五千里,每州用了三万劳力,一直开辟到四方荒远的边境,在每五个诸侯国中设立一个首领,他们恪尽职守,都有功绩,只有三苗凶顽,没有功绩,希望帝王您记着这件事。"舜帝说:"用我的德教来开导,那么凭你的工作就会使他们归顺的!"

皋陶此时敬重禹的功德,命令天下都以禹为学习榜样。对于不听从命令的,就施以刑法。因此,舜的德教得到了广大发扬。

这时,夔担任乐师,谱定乐曲,祖先亡灵降临欣赏,各诸侯国君相互礼让,鸟兽在宫殿周围飞翔、起舞,《箫韶》奏完九通,凤凰被召来了。群兽都舞起来,百官忠诚和谐。舜帝于是歌唱道:"奉行天命,施行德政,顺应天时,谨微慎行。"又唱道:"股肱大臣喜尽忠啊,天子治国要有功啊,百官事业也兴盛啊!"皋陶跪拜,先低头至手,又叩头至地,然后高声说道:"您可记住啊,要带头努力尽职,谨慎对待您的法度,认真办好各种事务!"于是也接着唱道:"天子英明有方啊,股肱大臣都贤良啊,天下万事都兴旺啊!"又唱道:"天子胸中无大略啊,股肱大臣就懈怠啊,天下万事都败坏啊!"舜帝拜答说:"对!以后我们都要努力办好各自的事务!"这时候天下都推崇禹精于尺度和音乐,尊奉他为山川的神主,意思就是能代山川之神施行号令的帝王。

舜帝把禹推荐给上天,让他作为帝位的继承人。十七年之后,舜帝逝世。服丧三年完毕,禹为了把帝位让给舜的儿子商均,躲避到阳城。但天下诸侯都不去朝拜商均而来朝拜禹。禹这才继承了天子之位,南面接受天下诸侯的朝拜,国号为夏后,姓姒氏。

禹帝立为天子后,举用皋陶为帝位继承人,把他推荐给上天,并把国政授给他,但是皋陶没有继任就死了。禹把皋陶的后代封在英、六两地,有的封在许地。后来又举用了益,把国政授给他。

过了十年,禹帝到东方视察,到达会稽,在那里逝世。把天下传给益。服丧三年完毕,益又把帝位让禹的儿子启,自己到箕山之南去躲避。禹的儿子启贤德,天下人心都归向于他。等到禹逝世,虽然把天子之位传给益,但由于益辅佐禹时间不长,天下并不顺服他。所以,诸侯还是都离开益而去朝拜启,说:"这是我们的君主禹帝的儿子啊。"于是启就继承了天子之位,这就是夏后帝启。

太史公说:禹是姒姓,他的后代被分封在各地,用国号为姓,所以有夏后氏、有扈氏、有男氏、斟鄩氏、彤城氏、襃氏、费氏、杞氏、缯氏、辛氏、冥氏、斟戈氏。据说孔子曾校正夏朝的历法,学者们有许多传习《夏小正》的。从虞舜、夏禹时代开始,进贡纳赋的规定已完备。有人说禹在长江南会聚诸侯,因为是在考核诸侯功绩时死的,就葬在那里了,所以把埋葬禹的苗山改名为会稽山。会稽就是会计(会合考核)的意思。

【解读】

前文讲大禹艰苦卓绝的治水历程,本文讲治水促成国家的产生。治水,使大禹赢得了很高的威信,使人们形成了由江河的整体统一性而孕育出的民族大一统观念,使生产力空前发展,剩余产品逐步让部分酋长变成贵族,氏族公社开始松动。于是大禹"划天下为九州",并制定了各地的贡赋项目。由此,华夏版图轮廓初现,治水组织慢慢向国家机器演变。中国历史上第一个奴隶制国家——夏便应运而生了。

西方汉学家魏特夫认为,在东方国家,由于治水以及管理水利工程的需要,就必须建立一个遍及全国或者至少是及于全国人口重要中心的组织网。因此,控制这一组织的人总是巧妙地准备行使最高政治权力。他把治水视为古代中国、印度、埃及等东方国家专制主义政治权力产生和强化的唯一前提,提出了"治水国家"说。

第二节　治水与大一统帝国的建立和巩固

先秦时期,各诸侯国竞相兴修水利,秦国依靠都江堰和郑国渠灌溉的千里沃野提供了充足的军粮,最终灭掉了东方六国,建立了中国历史上第一个大一统的专制主义中央集权国家。汉代经过七十年的积累,到汉武帝时励精图治,非常重视江河的治理,亲临黄河决口处进行指挥。各地"争言水利",出现水利建设的高潮局面,保证了农业的持续发展,为大一统帝国的巩固奠定了基础。

一、水利保证秦国完成统一大业❶

夏书❷曰:禹抑洪水十三年,过家不入门。陆行载车❸,水行载舟,泥行蹈毳,山行即桥。以别九州,随山浚川,任土作贡。通九道,陂九泽,度九山。然河菑衍溢❹,害中国也尤甚。唯是为务。故道河自积石历龙门,南到华阴,东下砥柱,及孟津、雒汭,至于大邳。於是禹以为河所从来者高,水湍悍,难以行平地,数为败,乃厮❺二渠以引其河。北载之高地,过降水,至于大陆❻,播为九河❼,同为逆河❽,入于勃海。九川既疏,九泽既洒❾,诸夏

---

❶ 本节选自《史记·河渠书》。

❷ 《夏书》,指《尚书》中的《夏书·禹贡》篇。

❸ 陆行乘车。载,即"则"字。如《诗经·周颂·时迈》有"载戢干戈",毛注:"载,之言则也。"又《说文》释载为乘,亦通。以上同。

❹ 河,黄河。菑,灾。衍溢,外流。

❺ 厮,同斯,有析、劈意。

❻ 大陆:大陆泽,又名钜鹿泽。

❼ 播:《汉书·沟洫志》颜师古注说:"播,布也",分布的意思。九河:黄河下游入海的九条分流。

❽ 逆,就是相向迎受的意思,九河同受一大河之水,将其导入海。

❾ 洒:釃(shī,尸)字之误,疏通的意思。

兴建都江堰

艾安❶,功施于三代❷。

自是之後,荥阳下引河东南为鸿沟❸,以通宋、郑、陈、蔡、曹、卫,与济、汝、淮、泗会。于楚,西方则通渠汉水、云梦之野,东方则通沟江淮之间。於吴,则通渠三江❹、五湖❺。於齐,则通菑济之间。於蜀,蜀守冰凿离碓❻,辟沫水之害,穿二江❼成都之中。此渠皆可行舟,有馀则用溉浸,百姓飨❽其利。至于所过,往往引其水益用溉田畴之渠,以万亿计,然莫足数也。

西门豹引漳水溉邺,以富魏之河内。

而韩闻秦之好兴事,欲罢❾之,毋令东伐,乃使水工郑国间说秦,令凿泾水自中山西邸瓠口为渠,并北山东注洛三百馀里,欲以溉田。中作而觉,秦欲杀郑国。郑国曰:"始臣为间,然渠成亦秦之利也。"秦以为然,卒使就渠。渠就,用注填阏❿之水,溉泽卤⓫之地四万馀顷,收皆亩一钟。於是关中为沃野,无凶年,秦以富强,卒并诸侯,因命曰郑国渠。

【白话文翻译】

《夏书》记载:禹治理洪水经历了十三年,其间路过家门口也不回家看望亲人。行陆路时乘车,水路乘船,泥路乘橇,山路坐轿,走遍了所有地方。从而划分了九州边界,随山势地形,疏浚了淤积的大河川,根据土地物产确定了赋税等级。使九州道路通畅,筑起了九州的泽岸,度量了九州山势。然而还有黄河泛滥成灾,给国家造成很大危害。于是集中

---

❶ 诸夏:华夏诸国。即中国境内的各小国。艾(yì,意)安:得到治理而安定。

❷ 禹以后三代为夏、商、周。自禹以后,三代无大的黄河灾害,所以说禹功施于三代。

❸ 鸿沟:古地名。有两种解释:一指官渡水(流经今河南中牟附近),一指汴水(流经今河南开封附近)。

❹ 三江:宣泄太湖水入海的三流河道,北江、中江、南江。

❺ 五湖:太湖。

❻ 离碓:碓就是古"堆"字。离堆有数处,但由下文凿离堆是为避沫水之害,沫水一说就是今大渡河,另青衣江亦称沫水,两江都由乐山入泯江,离堆即在乐山江水汇流处。

❼ 二江:郫江、流江。

❽ 飨:享。

❾ 罢:同疲。

❿ 阏:同淤,淤泥。

⓫ 泽卤:低洼盐碱地。

力量治理黄河,引导河水自积石山经过龙门,南行到华阴市,东下经砥柱山和孟津、雒汭,到达大邳山。禹以为大邳以上黄河流经的地区地势高,水流湍急,难以在大邳以东的平地经过,否则会时常败堤破岸,造成水灾,于是将黄河分流成两条河以减小水势,并引水北行,从地势较高的冀州地区流过,经降水,到大陆泽,以下开九条大河,共同迎受黄河之水,流入渤海。九州河川都已疏通,九州大泽都筑了障水堤岸,华夏诸国得到治理而安定,其功绩使夏、商、周三代受益不绝。

后人又自荥阳以下引河水东南流,成为鸿沟,把宋、郑、陈、蔡、曹、卫各国联结起来,分别与济、汝、淮、泗诸水系交会。在楚地,西方在汉水和云梦泽之间修渠连通,东方则在江淮之间用沟渠相连。在吴地于三江、五湖间开凿河渠。在齐则于菑、济二水间修渠。在蜀,有蜀守李冰凿开离堆,以避沫水造成的水灾;又在成都一带开凿两条江水支流。这些河渠水深都能行舟,有余就用来灌溉农田,百姓获利不小。至于渠水所过地区,人们往往又开凿一些支渠引渠水灌田,数目之多不下千千万万,但工程小,不足数计。

西门豹引漳水灌溉邺郡的农田,使魏国的河内地区富裕起来。

韩国听说秦国好兴办工役等新奇事,想以此消耗它的国力,使它无力对山东诸国用兵,于是命水利工匠郑国找机会游说(shuì,税)秦国,要它凿穿泾水,从中山(今陕西泾阳县北)以西到瓠(hù,户)口,修一条水渠,出北山向东流入洛水长三百余里,欲用来灌溉农田。渠未成,郑国的目的被发觉,秦国要杀他,郑国说:"臣开始是为韩国做奸细而来,但渠成以后确实对秦国有利。"秦国以为他说得对,最后命他继续把渠修成。渠成后,引淤积浑浊的泾河水灌溉两岸低洼的盐碱地四万多公顷,亩产都达到了六石四斗。从此关中沃野千里,再没有饥荒年成,秦国富强起来,最后并吞了诸侯各国,因此把渠命名为郑国渠。

【解读】

本文节选自西汉司马迁所著《史记·河渠书》,自此,专门记载一代水利情况的河渠志成为官方正史的重要体例。史记之后,有《汉书·沟洫志》《宋史·河渠志》《金史·河渠志》《明史·河渠志》《清史稿·河渠志》一脉相承。

秦始皇统一中国,在我国历史上具有划时代意义,水利事业的蓬勃发展给秦国提供了充足的粮食,奠定了统一大业的基础。秦昭王(公元前306—前251)时,蜀郡郡守李冰兴建都江堰,使灾害频发的成都平原成为"水旱从人、不知饥谨"的天府之国,使秦国国力大为增强。公元前246年,秦王嬴政即位,他重视兴修水利,沟通洛水和泾水的郑国渠使得关中平原成为天下粮仓,直到唐代安史之乱前都是全国的经济、政治、文化中心。为征服南越而沟通湘江和漓江的灵渠,把长江、珠江两大水系连接起来,密切了两大流域经济、文化的往来,巩固了大一统的国家。

二、治水促进大一统帝国的巩固❶

汉兴三十九年,孝文时河决酸枣,东溃金隄,於是东郡大兴卒塞之。

其後四十有馀年,今天子元光之中,而河决於瓠子,东南注巨野,通於淮、泗。於是天

---

❶ 本节选自《史记·河渠书》。

子使汲黯、郑当时兴人徒❶塞之，辄复坏。是时武安侯田蚡为丞相，其奉邑❷食鄃❸。鄃居河北，河决而南则鄃无水菑，邑收多。蚡言於上曰："江河之决皆天事，未易以人力为强塞，塞之未必应天❹。"而望气用数❺者亦以为然。於是天子久之不事复塞也。

是时郑当时为大农，言曰："异时关东漕粟从渭中上，度六月而罢，而漕水道九百馀里，时有难处。引渭穿渠起长安，并南山下，至河三百馀里，径❻，易漕，度可令三月罢；而渠下民田万馀顷，又可得以溉田：此损漕省卒❼，而益肥关中之地，得穀。"天子以为然，令齐人水工徐伯表❽，悉发卒数万人穿漕渠，三岁而通。通，以漕，大便利。其後漕稍多，而渠下之民颇得以溉田矣。

其後河东守番系言："漕从山东西❾，岁百馀万石，更砥柱之限，败亡甚多，而亦烦费。穿渠引汾溉皮氏、汾阴下，引河溉汾阴、蒲坂下，度可得五千顷。五千顷故尽河壖❿弃地，民茭牧⓫其中耳，今溉田之，度可得穀二百万石以上。穀从渭上，与关中无异，而砥柱之东可无复漕。"天子以为然，发卒数万人作渠田⓬。数岁，河移徙，渠不利，则田者不能偿种。久之，河东渠田废，予越人，令少府以为稍入。

其後人有上书欲通褒斜道及漕事，下御史大夫张汤。汤问其事，因言："抵蜀从故道，故道多阪，回远⓭。今穿褒斜道，少阪，近四百里；而褒水通沔，斜水通渭，皆可以行船漕。漕从南阳上沔入褒，褒之绝水至斜，间百馀里，以车转，从斜下下渭。如此，汉中之穀可致，山东从沔无限⓮，便於砥柱之漕。且褒斜材木竹箭之饶，拟於巴蜀。"天子以为然，拜汤子印为汉中守，发数万人作褒斜道五百馀里。道果便近，而水湍石⓯，不可漕。

其後庄熊罴言："临晋民愿穿洛以溉重泉以东万馀顷故卤地。诚得水，可令亩十石。"於是为发卒万馀人穿渠，自徵引洛水至商颜山下。岸善崩⓰，乃凿井，深者四十馀丈。往往为井，井下相通行水。水颓以绝商颜⓱，东至山岭十馀里间。井渠之生自此始。穿渠得龙骨，故名曰龙首渠。作之十馀岁，渠颇通，犹未得其饶。

---

❶ 人徒：普通人与罪徒。
❷ 奉邑：汉代诸侯封于某城邑，只是把某城邑的租赋给他作俸禄，天子另派人管理该城邑的民事等行政事务，此城邑称为该诸侯的奉（俸）邑。
❸ 食鄃（shū，舒）：食鄃城的租赋，就是以鄃为奉邑的意思。
❹ 应天：与天意相应、相符合。
❺ 望气：望云气而卜吉凶。用数：用术数卜吉凶。术指法术，数指技艺。
❻ 径：道直少曲折。
❼ 这样可以损减漕省运粮的兵卒。漕省，负责漕运的机构。
❽ 表：以表测量地势高下，从而确定水流走向。表，是一根八尺长的木杆，有刻度，与水准、悬锤配用。
❾ 漕从山东西：从崤山以东运漕而西入关中。
❿ 壖：河边地。
⓫ 茭牧：打草放牧。茭，喂牲畜的干草。
⓬ 渠田：可用渠水灌溉之田。
⓭ 回远：回环屈折而又遥远。
⓮ 崤山以东通过沔水（今汉水）的漕船不受限制。
⓯ 湍石：湍急多石。
⓰ 岸善崩：渠岸容易崩塌。
⓱ 颓：向下流的水。绝商颜：向下流的水冲断商颜山，或说是冲穿商颜山。

自河决瓠子后二十馀岁，岁因以数不登❶，而梁楚之地尤甚。天子既封禅❷巡祭山川，其明年，旱，干❸封少雨。天子乃使汲仁、郭昌发卒数万人塞瓠子决。於是天子已用事万里沙❹，则还自临决河，沈❺白马玉璧于河，令群臣从官自将军已下皆负薪窴❻决河。是时东郡烧草，以故薪柴少，而下淇园之竹以为楗❼。

天子既临河决，悼功之不成，乃作歌曰："瓠子决兮将奈何？皓皓旰旰兮间殚为河！❽殚为河兮地不得宁，功无已时兮吾山平。吾山平兮巨野溢，鱼沸郁❾兮柏冬日。延道弛兮离常流，蛟龙骋兮方远游。归旧川兮神哉沛，不封禅兮安知外！为我谓河伯兮何不仁，泛滥不止兮愁吾人？啮桑浮兮淮、泗满，久不反兮水维缓。"一曰："河汤汤兮激潺湲❿，北渡污❶兮浚流难。搴长茭❶兮沈美玉，河伯许兮薪不属❶。薪不属兮卫人罪，烧萧条兮噫乎何以御水！隤林竹兮楗石菑，宣房塞兮万福来。"於是卒塞瓠子，筑宫其上，名曰宣房宫。而道河北行二渠，复禹旧迹，而梁、楚之地复宁，无水灾。

自是之後，用事者争言水利。朔方、西河、河西、酒泉皆引河及川谷以溉田；而关中辅渠、灵轵❶引堵水；汝南、九江引淮；东海引钜定；泰山下引汶水：皆穿渠为溉田，各万馀顷。佗❶小渠披山通道者，不可胜言。然其著者在宣房。

太史公曰：余南登庐山，观禹疏九江❶，遂至于会稽太湟，上姑苏，望五湖；东闚洛汭、大邳，迎河，行淮、泗、济、漯、洛渠；西瞻蜀之岷山及离碓；北自龙门至于朔方。曰：甚哉，水之为利害也！余从负薪塞宣房，悲瓠子之诗而作河渠书。

【白话文翻译】

汉朝建立后三十九年，到孝文帝时黄河堤决于酸枣县，向东冲溃金堤，于是东郡动员了许多兵卒堵塞决口。

此后过了四十多年，到本朝天子元光年间，黄河在瓠子决口，向东南流入巨野泽，将淮

---

❶ 登：即升。谷不升仓称为不登，借为收成不好的意思。

❷ 封禅：封泰山祭天，禅梁父（音甫）祭地，合称封禅，是天子功成治定后祭祀天地的活动，岁数不登而封禅，含有对汉武帝责难的深意。

❸ 干是动词，曝晒令干的意思。

❹ 有事于万里沙。万里沙，传说是神仙祠堂，在今山东掖县东北。

❺ 沈，同沉。将白马、玉璧沉入河中，是给河神奉上的祭礼。

❻ 窴：古填字。

❼ 古代堵塞决口的方法是：先在决口处插大竹，顺竹子将捆成长束的"草龙"放下，因有所插竹子的阻挡，草龙才能不被水冲走，然后在草龙后填土、塞石。所插大竹称为楗。

❽ 皓皓旰（hàn，汗）旰：皓同"昊"，大；旰亦有大意，所以皓皓旰旰极言水势汪洋恣肆貌。间：州间、里间，民居所在。殚（dān，丹）：尽。全句可译为浩大的水势哟里间民居尽化为河。

❾ 沸郁：犹言沸沸扬扬，拥挤喧闹貌。

❿ 汤汤（shāng，商）：水大流急貌。潺（chán，缠）湲（yuán，原）：水徐行貌。潺湲之水被激而为大波涛，谓之激潺湲。

⓫ 污（yū，淤）：通纡，纡曲回转。

⓬ 搴长茭：捆成长束的茭草，又称为草龙、草帚等，为塞河所必需。

⓭ 薪不属：犹言薪不继、不足。属，是连属的意思。

⓮ 灵轵：渠名。

⓯ 佗：同"他"。

⓰ 九江，古人有三种解释。一认为长江在荆州界内分为九道支流，然后又汇为一条大江；二认为九江各自别源，是今江西省九江市以南的九条支流，汇合于长江；三是以为九江就是彭蠡泽，即今洞庭湖。

河、泗水连成一片。于是天子命汲黯、郑当时调发人夫、罪徒堵塞决口，往往堵塞以后又被冲坏。那时朝中的丞相是武安侯田蚡，他的奉邑是鄃（shū，舒）县，以鄃县租税为食。而鄃县在黄河以北，黄河决口水向南流，鄃县没有水灾，收成很好。所以田蚡对皇帝说："江河决口都是上天的事，不易用人力强加堵塞，即便将决口堵塞了，也未必符合天意。"此外望云气和以术数占卜的人也都这样说，因此天子很长时间没有提堵塞决口的事。

那时郑当时任大司农职，说道："往常从关东漕运的粮食是沿渭水逆流而上，运到长安估计要用六个月，水路全程九百多里，途中还有许多难行的地方。若从长安开一条渠引渭水，沿南山而下，直到黄河才三百多里，是一条直道，容易行船，估计可使漕船三个月运到，且沿渠农田一万多顷得到灌溉。这样既能减少漕省运粮的兵卒，节省开支，又能使关中农田更加肥沃，多打粮食。"天子认为说得对，命来自齐地的水利工匠徐伯表测地势，确定河道走向，动员全部兵卒数万人开凿漕渠，历时三年完工，通水后，用来漕运，果然十分便利。此后漕渠渐渐多起来，渠下的老百姓都颇能得到以水溉田的利益。

后来河东守番系说："从山东漕运粮米西行入关，每年一百多万石，中间经过砥柱这个行船的禁限地区，有许多漕船船坏人亡，而且运费也太大。若穿渠引汾水灌溉皮氏、汾阴一带的土地，引黄河水灌溉汾阴、蒲坂一带的土地，估计可以造田五千公顷。这五千公顷田原来都是河边被遗弃的荒地，老百姓只在其中打草放牧，如今加以灌溉耕种，估计可得粮食二百万石以上。这些粮食沿渭水运入长安，与直接从关中收获的没有两样，而不再从砥柱以东漕粮入关。"天子同意他的意见，动员兵卒数万人造渠田。几年以后，黄河改道，渠无水，种渠田的连朝廷贷给的种子也难以偿还。久而久之，河东渠田完全报废，朝廷把它分给从越地内迁的百姓耕种，使朝廷能从中得到一点微薄的租赋收入。

以后有人上书，是为了想打通褒斜道以及漕运的事，天子交给御史大夫张汤，张汤详细了解后，说道："从汉中入蜀向来走故道，故道有许多山坡大坡，曲折路远。今若凿穿褒斜道，山坡坡路少，比故道近四百里的路程；而且褒水与沔水相通，斜水与渭水相通，都能通行漕船。漕船从南阳沿沔水上行驶入褒水，从褒水登陆到斜水旱路一百多里，以车转运，再下船顺斜水下行驶入渭水。这样不但汉中的粮食可以运来，山东的粮食从沔水而上没有禁限，比经砥柱漕运方便。而且褒斜地区的木材箭竹，其富饶可以与巴蜀相比拟。"天子认为有道理，封张汤的儿子卬（áng，昂）为汉中郡太守，调发数万人开出一条长五百多里的褒斜道，果然方便而且路程近，但是水流湍急多石，不能通漕。

此后庄熊罴说："临晋地区的老百姓愿意凿穿洛水筑成水渠，用来灌溉重泉以东原有的一万多公顷盐碱地。倘若果然能得水灌溉，可使每亩产量达到十石。"于是调发兵卒一万多人开渠，自徵城引洛水到商颜山下。由于土岸容易塌方，于是沿流凿井，最深的有的达到四十多丈。许多地方都凿了井，井下相互连通，使水通行。水从地下穿商颜山而过，东行直到山岭之中十多里远。从此产生了井渠。凿渠时曾掘出了龙骨，所以给此渠命名为龙首渠。这条渠筑了十多年，有些地方通了水，但是并未得到太大的好处。

自从黄河在瓠子决口后二十多年，每年土地都因水涝没有好收成，梁楚地区更为严重。天子既已封禅，并巡祭了天下名山大川，第二年，天由于要晒干泰山封土而少雨。于是命汲仁、郭昌调发兵卒数万人堵塞瓠子决口，阻止水涝，天子从万里沙祠祷神以后，回来的路上亲临黄河决口处，沉白马、玉璧于河中祭奠河神，命群臣及随从官员自将军衔以下，都背负柴薪,填塞决口。当时东郡百姓以草为炊,柴薪很少,因而用砍伐淇园的竹子作为塞决口的楗。

天子既然亲临决河处,悼念塞河不能成功,作歌道:"瓠子河决啊有何办法,浩浩汗汗啊民居已尽为河。尽为河啊地方不安,河工无休止啊吾山已经凿平。吾山已平啊巨野泽外流,水族喧嚷啊迫天齐日。河道废弛啊水离常流,蛟龙驰骋啊正远游。水归旧道啊神福滂沛,若不封禅啊怎知此事!为我告河伯啊因何不仁,泛滥不止啊愁煞人。河浸齧(niè,聂)桑啊淮、泗水满,久不归故道啊唯愿水流稍缓。"另一首是:"河水汤汤(shāng,商)啊流急,北渡回曲啊疏浚难。揭草堨于决口啊沉美玉于河,河伯纵许啊息水啊奈薪柴不足。薪柴不足啊卫人获罪,民烧柴尚不足啊如何御水!伐淇园之竹啊楗阻石柱,堵塞宣房啊万福来。"于是塞住了瓠子决河,在决口处筑了一座宫殿,取名为宣房宫。并修两条渠引河水北行,恢复了禹时的样子,梁、楚地区又得到安宁,没有水灾了。

从此以后,负责河渠事的官员争相建议修筑水利。朔方、西河、河西、酒泉等地都引黄河以及川谷中的水灌溉农田;而关中的辅渠、灵轵渠引诸川中的水;汝南、九江地区引淮河水;东海郡引钜定泽水;泰山周围地区引汶水。各自所开渠都能灌溉农田万余顷。其他小渠以及劈山通水道的,不可尽言。但工程最大的还是宣房治河的工程。

太史公说:"我曾南行登上庐山,观看禹疏导九江的遗迹,随后到会稽太湟,上姑苏台,眺望五湖;东行考察了洛汭(ruì,锐)、大邳,逆河而上,走过淮、泗、济、漯、洛诸水;西行瞻望了西蜀地区的岷山和离碓;北行自龙门走到朔方。深切感到水与人的利害关系太大了!我随从皇帝参加了负薪塞宣房决口那件事,为皇帝所作《瓠子》诗感到悲伤,因而写下了《河渠书》。"

【解读】

中国历史,其实也可以说是一部治理黄河的历史。历史上黄河下游河道变迁的范围,大致北到海河,南达江淮。据历史文献记载,黄河下游决口泛滥一千五百余次,较大的改道有二十多次。汉武帝元光年间,黄河在瓠子决口,向东南流入巨野泽,将淮河、泗水连成一片,百姓流离失所,造成严重损失。汉武帝调发兵卒数万人堵塞瓠子决口,并亲临决口现场,命群臣及随从官员自将军衔以下,都背负柴薪,填塞决口。经过艰苦卓绝的抗洪抢险,决口最终被堵住,黄河恢复了安流。由于汉武帝对水利的高度重视,出现了"用事者争言水利"的喜人局面,水利事业在各地蓬勃发展,奠定了汉武帝时期鼎盛局面的基础。

第二章 水与中国古代哲学

中国古代哲学博大精深,在对山水自然的观察和体悟中,先哲建立起朴素辩证的宇宙观和方法论。在古人的观念中,水作为五行之一,是构成宇宙的重要因素。它不仅深刻影响了我国古代哲学家的思想,而且由于水与民众的生活密切相关,由此而产生的治水思想,也成为我国古代哲学思想的重要组成部分。

第一节 水的社会属性:中国古代关于水的哲学思考

哲人管仲曾提出有关水的著名命题:"故水者何也? 万物之本原,诸生之宗室也。……万物莫不以生。"❶在中国古代,水是五行之一,但在古人心目中,它的重要性却远非其他四行可比。在湖北郭店出土的楚简中有这样一段文字:

"太一生水,水反辅太一,是以成天;天反辅太一,是以成地。"

这段话把水看作宇宙中的第一元素,是直接由太一(道)创造出来的,它先天地而生,并参与天地的形成。古人的这种宇宙生成论,突出表现了水在宇宙天地生成过程中的重要作用。尽管这种宇宙生成论未必科学,但它显示出水在古人心目中的重要地位。

既然古人认为水是宇宙之中最基本、最重要的元素,对水德的推重自然就成为中国古典哲学的一个重要特征。受其影响,许多古代思想家都表达了对水之德行的理解和推崇。

一、道家论水

1. 老子论水——上善若水

对水之体性最为推崇的当属道家的创始人老子。《道德经》一书中有不少篇章提到水的品性,在老子那里,水不但是完美人格的象征,而且是他心目中的"道"的具体外化;它不但可以用来指导个人的为人处世,亦可为执政者提供完美的借鉴。

《道德经》讲道:"上善若水。水善利万物而不争,处众人之所恶,故几于道。居善地,心善渊,与善仁,言善信,政善治,事善能,动善时。夫唯不争,故无尤。"这里讲水性之可贵在于"水善利万物而不争",这是上德之人所具有的品格。以下的"居善地,心善渊,与善仁,言善信,政善治,事善能,动善时。"❷这段话分别是说:立身处世应像水一般低调、谦卑,心境要像水一般的渊深、清明,交友要像水一般亲切有爱,说话要像水一般准确有信,为政要像水一样能澄浊理乱,做事要像水一样能融合调剂,行动要像水一样善于把握时机。这段话完美地概括了老子心目中的理想人格。

---

❶ 《管子·水地》。

❷ 《道德经》第八章。

在老子看来，水之可贵，还在于其体性柔弱，但却能以柔克刚、以弱胜强。老子之所以看重柔弱，是因其有强大的生命力："人之生也柔弱，其死也坚强。万物草木之生也柔脆，其死也枯槁。故坚强者死之徒，柔弱者生之徒。"（《道德经》第七十六章）。水以柔弱之体而能攻坚克强，乃是因为其能够积少成多，积弱成强，而最终达到"攻坚强者莫之能胜""天下之至柔，驰骋天下之至坚，无有入无间"。水虽柔弱，但却能凿山辟地，挟石带沙，致坚无隙的金石也会被它侵蚀而入。

老子像

至于为政者，则更要效法水的品性。《道德经》说：

江海之所以能为百谷王者，以其善下之，故能为百谷王。是以圣人欲上民，必以言下之。欲先民，必以身后之。是以圣人处上而民不重，处前而民不害。是以天下乐推而不厌。以其不争，故天下莫能与之争。❶

理想的统治者，应该有虚怀若谷的心胸，像江海一样不择细流，故能成其大。想要统治民众，就要表现出谦卑的姿态；想要领导民众，就要把民众的利益放在前面。这样做的结果是"天下乐推而不厌"，正因为它不与臣下争强竞胜，因此没有人能够与他竞争。

2. 庄子论水——相濡以沫，不如相忘于江湖

作为道家的第二位代表人物，庄子的思想与老子有明显的不同。老子强调柔软、谦后、不争，目的是为了适应现实，通过与外界的和谐以实现自身的目的。在个体与社会的关系上，庄子更强调个体的自由，他通过"外物"的方式来反抗外部世界对自我的侵害，希望能够摆脱各种内在的、外在的，有形的、无形的束缚，以实现对有限现实的精神超越，达到逍遥游的境界。在庄子的眼中，自由奔放、汪洋恣肆的江河、海洋，是他心目中的有道之士的精神象征。在《秋水》篇中，庄子将北海若作为有道之士的化身，向河伯展开一场关于大道的论述：

庄子像

北海若曰："井蛙不可以语于海者，拘于虚也；夏虫不可以语于冰者，笃于时也；曲士不可以语于道者，束于教也。今尔出于崖涘，观于大海，乃知尔丑，尔将可与语大理矣。天下之水，莫大于海。万川归之，不知何时止而不盈；尾闾泄之，不知何时已而不虚；春秋不变，水旱不知。此其过江河之流，不可为量数。而吾未尝以此自多者，自以比形于天地，而受气于阴阳，吾在天地之间，犹小石小木之在大山也。方存乎见少，又奚

❶ 《道德经》第六十六章。

以自多！计四海之在天地之间也，不似礨空之在大泽乎？计中国之在海内，不似稊米之在大仓乎？号物之数谓之万，人处一焉；人卒九州岛，谷食之所生，舟车之所通，人处一焉。此其比万物也，不似豪末之在于马体乎？五帝之所连，三王之所争，仁人之所忧，任士之所劳，尽此矣！伯夷辞之以为名，仲尼语之以为博。此其自多也，不似尔向之自多于水乎？"❶

万川之水受陆地上旱涝条件的限制，有盈有枯；而大海却"春秋不变，水旱不知"，超越了时空、因果、条件等各个方面，表现为永恒、不变、无限、绝对，这正是庄子之"道"的真切内涵。这里，作者以水的多寡比喻人的知识、见识的多少，指出越是知识狭隘、见识有限之辈，越容易自满自得，而真正的有道之士却是见多识广、眼界高远、含蓄深沉、虚怀若谷。

庄子将水看作他心目中的道的化身，因而他经常将人在道中的生活与鱼在水中的活动相提并论，《大宗师》一篇记载：

泉涸，鱼相与处于陆，相呴以湿，相濡以沫，不如相忘于江湖。

鱼相造乎水，人相造乎道。相造乎水者，穿池而养给；相造乎道者，无事而生定。故曰：鱼相忘乎江湖，人相忘乎道术。❷

"相濡以沫，不如相忘于江湖。"在真正幸福的社会中，人们是不需要彼此牺牲、互相照顾的，人们之间的关系也不需要天天来往、尽力维持，因为每个人的精神都是自由而自足的。相反，如果在某个社会中，人人都要相濡以沫才能生存，人人都需要抱团取暖才有安全感，那这个社会已经有问题了。

同时，庄子还用水之静来比喻上德者的精神境界，《庄子》记载：

万物无足以挠心者，故静也。水静则明烛须眉，平中准，大匠取法焉。水静犹明，而况精神。圣人之心静乎！天地之鉴也，万物之镜也。❸

水之性，不杂则清，莫动则平；郁闭而不流，亦不能清。天德之象也。故曰：纯粹而不杂，静一而不变，淡而无为，动而天行，此养神之道也。❹

清静的水面能照鉴万物，同理，清虚的心境方能看清外部世界。"水静犹明，而况精神"，这里以水之清静为譬喻，将致虚守静、纯粹而不杂作为人修炼心神的途径。所谓欲者不观，只有祛除私心杂念，使内心明净澄澈，才能不被表象所欺骗，洞见事物的本质。

二、儒家论水

1. 孔子论水——智者乐水

儒家在春秋时期是九流十家中的一派，汉武帝"罢黜百家、独尊儒术"后成为主流思想和意识形态。作为儒家的创始人物，孔子曾经说过"仁者乐山，智者乐水"的话。在《荀子》中，记录了一段孔子谈水的言论：

孔子观于东流之水。子贡问于孔子曰："君子之所以见大水必观焉者是何？"孔子曰：

---

❶ 《庄子·秋水》。

❷ 《庄子·大宗师》。

❸ 《庄子·天道》。

❹ 《庄子·刻意》。

"夫水,大遍与诸生而无为也,似德。其流也埤下,裾拘必循其理,似义。其洗洗乎不湨尽,似道。若有决行之,其应佚若声响,其赴百仞之谷不惧,似勇。主量必平,似法。盈不求概,似正。淖约微达,似察。以出以入,以就鲜洁,似善化。其万折也必东,似志。是故君子见大水必观焉。"❶

孔子像

这里,孔子对水性的推崇主要表现在:一是德——博与万物;二是义——其流循理;三是道——不竭不尽;四是勇——赴险不惧;五是法——持平守正;六是精明——无微不达;七是善化——鲜洁万物;八是有志——万折必东。从中可以看出,作为儒家代表的孔子,看重的主要是水所象征的各种品德:它像仁人志士一般持身有道、守正不阿、不屈不挠、勇往直前。水就是他心目中道德高尚之士的人格象征。

2. 孟子论水——人性之善也,犹水之就下也

孟子是继承孔子思想,又加以创新的一位划时代思想家。与孔子所提倡的丰富全面、博大精深的道德体系不同,在孟子的道德体系中,"义"占有更重要的地位。由于孟子对"义"的重视压倒一切,因此他心目中的水意象成了"义"的化身。孟子曾经说过:"不义而富且贵,于我如浮云。"在他看来,水就是他心目中的仁人义士的道德操守的化身,它的出处进退、辞受去就均体现出正义之士的做派。在《尽心上》篇中有这样一段话:

孟子像

孔子登东山而小鲁,登泰山而小天下,故观于海者难为水,游于圣人之门者难为言。观水有术,必观其澜。……流水之为物者,不盈科不行;君子之志于道也,不成章不达。❷

末一句的意思是:流水这种东西不积满一个低洼地,它是不会往前行的,就像君子一样,要积渐成变,自成格局,必待形成自己的思想体系之后,才自然显达,而在此之前,他是不会随便出仕的。

源泉混混,不舍昼夜,盈科而后进,放乎四海。有本者如是,是之取尔,苟为无本,七八月之间雨集,沟浍皆盈;其涸也,可立而待也。故声闻过情,君子耻之。❸

孟子认为,水德之可贵,在于其"有本",至于那些无本源之水,虽能得意煊赫于一时,

---

❶ 《荀子·宥坐》。

❷ 《孟子·尽心上》。

❸ 《孟子·离娄下》。

但"其涸也,可立而待也"。因此,君子的追求应该是务本舍末,去名就实,"声闻过情,君子耻之"。孟子看重的是水的脚踏实地,务实进取的精神,其持身有道、淡泊名利、拒绝诱惑、不为苟得,是他心目中正义之士的道德化身。

孟子对水德的理解还表现在他对人性的理解上。他以水喻人性,与告子之间展开一场论辩,《孟子》记载:

告子曰:"性犹湍水也,决诸东方则东流,决诸西方则西流。人性之无分于善不善也,犹水之无分于东西也。"

孟子曰:"水信无分于东西。无分于上下乎?人性之善也,犹水之就下也。人无有不善,水无有不下。今夫水,搏而跃之,可使过颡;激而行之,可使在山。是岂水之性哉?其势则然也。人之可使为不善,其性亦犹是也。"❶

告子主张,人性是自由的,无所谓善与不善。孟子指出,人性尽管是自由的,但却有善与不善的区分。人的本性都是善良的,如果能顺其本性发展下去就是善良,但如果受到不良环境的刺激则可能变成邪恶的,就像水受到阻压而能够升到山上一样,这并不是水的本性。

孟子的政治主张是王道、仁政。见于战国时代列国统治者争城以战,杀人盈城,争地以战,杀人盈野的残酷现实,孟子希望统治者能够实行仁政,保境安民。他以水来比喻仁政,阐释仁政战胜暴政的道理,《孟子》载:

今夫天下之人牧,未有不嗜杀人者也,如有不嗜杀人者,则天下之民皆引领而望之矣。诚如是也,民归之,犹水之就下,沛然谁能御之?❷

孟子曰:"仁之胜不仁也,犹水胜火。今之为仁者,犹以一杯水,救一车薪之火也;不熄,则谓之水不胜火,此又与于不仁之甚者也。亦终必亡而已矣。"❶

仁政是一种长效机制。由于当时各国都面临生死存亡的紧迫压力,强国图霸,弱国图存,他们都无暇顾及仁政,更不相信仁政真的能够挽救和改变一个国家的命运。对此,孟子很有信心地指出,仁政必定能战胜暴政,就像水能胜火一样。如果不能坚信这一点,势必助长不仁者的气焰,最终自己也会被其灭亡。孟子的这种思想,对于缓解当时社会的战乱痛苦,有一定的积极意义。

3. 董仲舒论水——水则源泉混混沄沄

西汉大儒董仲舒在儒学史上享有盛名,正是他的上书使秦代以来趋向没落的儒学一跃成为官方政治哲学。他的思想很多也取法于水,其著作《春秋繁露》中有载:

水则源泉混混沄沄,昼夜不竭,既似力者;盈科后行,既似持平者;循微赴下,不遗小间,既似察者;循溪谷不迷,或奏万里而必至,既似知者;障防山而能清静,既似知命者;不清以入,洁清以出,既似善化者;赴千仞之壑,入而不疑,既似勇者;物皆困于火,而水独胜之,既似武者;咸得之而生,失之而死,既似有德者。孔子在川上曰:"逝者如斯夫,不舍昼夜。"此之谓也。❸

---

❶ 《孟子·告子上》。

❷ 《孟子·梁惠王上》。

❸ 《春秋繁露·山川颂》。

意思是：水的源泉源源不断地涌出，昼夜不停，像有力者；它充满一个低洼地之后才继续前进，像是个公平者；它顺着最微小的地方往低处流，不遗漏最小的空间，像是明察之人；它顺着溪谷不会迷路，即使万里之遥也必定会到达，像是智者；被山体阻挡时，它能够清净而不躁乱，像是知命之人；不洁净的东西进入它之后，会变成洁净的，像是善于感化之人；冲下千仞之深谷，毫不犹豫，像是勇敢者；万物都怕火，水却能战胜它，像是武士；万物得水而生，失水而死，像是有德之人。

这段话与《荀子·宥坐》篇中孔子观水的那段话有点相似，着重于强调水的各种道德性质：公平、明察、智慧、善于感化、英勇、仁德等。

董仲舒像

三、法家论水

1. 荀子论水——君者，舟也；庶人者，水也

荀子是战国时期重要思想家，与孟子同时，虽自称儒者但其思想已杂糅法家，与传统儒家相去甚远。荀子在其著作《荀子·解蔽》篇以水比喻人性：

人心譬如盘水，正错而勿动，则湛浊在下，而清明在上，则足以见须眉而察理矣。故导之以理，养之以清，物莫之倾，则足以定是非决嫌疑矣。❶

他认为人性如盘中之水，只要让它安静平稳，自然就会清明，明察秋毫而且精通事理；只要没有外物的压迫，它就能够明判是非嫌疑。

荀子像

荀子作为儒法交界处的人物，他对水德的阐释主要集中在君臣关系方面，《君道》篇讲道：

君者，仪也，仪正而景正。君者，盘也，盘圆而水圆。君者，盂也，盂方而水方。君射，则臣决。楚庄王好细腰，故朝有饿人。故曰：闻修身，未尝闻为国也。

君者，民之原也，原清则流清，原浊则流浊。故有社稷者，而不能爱民、不能利民，而求民之亲爱己，不可得也。❷

这两段话意思是：君主是日晷，决定影子的正邪。君主是盛水的容器，容器的方圆决定水的方圆。君主是源头，民众是河流，源头不清则河流浑浊。因此，楚王好细腰，国人多饿死的事实，正说明上有所好，下必甚焉。因此，在治理民众方面，国君是主动的、积极的因素，而民众是被动的、消极的因素。这个自然是对孔子的德治思想的发挥，突出强调君主自身的责任与影响，要求统治者以身作则，为民仪则；反之，如果统治者不能爱民利民，

---

❶ 《荀子·解蔽》。

❷ 《荀子·君道》。

那么民众就不可能爱戴君主。

《荀子·王制》中指出："君者,舟也;庶人者,水也。水则载舟,水则覆舟。"这是从另一个方面揭示出君民关系的实质:民众对君主也不是一味地逆来顺受,一旦君主的压制超出了民众的忍耐,或者君主的统治背离了民众的意愿,民众就会起来推翻君主。这里,荀子对专制君主提出了严重警告。

2. 慎到论水——学之于水,不学之于禹也

战国时法家思想家慎到说:"法非从天下,非从地出,发于人间,合乎人心而已。治水者茨防决塞,九州岛四海相似如一。学之于水,不学之于禹也。"❶慎到提出法律不是天上掉下来的,不是从地上长出来的,而是产生于人间,符合于人心。就像治水的人要从水中学习,而不是向大禹学习一样,制定法律的人自然也要顺应现实,不能墨守前规。这里表现出法家人物的革新精神。

四、其他流派论水

1. 管仲论水——以无不满,无不居也

管仲是辅佐齐国成为春秋五霸之一的首要功臣,既是一个政治家,也是一个思想家。管仲在其著作《管子》中有好几段文字称颂水德:

管仲像

是(水)以无不满,无不居也。集于天地而藏于万物,产于金石,集于诸生,故曰水神。集于草木,根得其华,华得其数,实得其量。鸟兽得之,形体肥大,羽毛丰茂,文理明著。万物莫不尽其几,反其常者,水之内度适也。

人,水也。男女精气合,而水流形。❷

这两段文字主要讲水滋养、造就万物的功德,万物莫不依赖水以生存。草木、鸟兽、人类,甚至无生命的金石,都赖其滋养润泽。万物能够充满生机、维持恒常,都是因为水在内部调节。

具有道家思想的管子在《水地》篇中极力称赞水具有至高的品德:

水,具材也,何以知其然也?曰:夫水淳弱以清,而好洒人之恶,仁也。视之黑而白,精也。量之不可概,至满而止,正也。唯无不流,至平而止,义也。人皆赴高,己独赴下,卑也。卑也者,道之室,王者之器也,而水以为都居。❷

大意是,水具有最完善的才具:自身柔软而洁净,却可以洗清污浊,这是仁。看起来黑而实际是白,这是它的聪明。称量它时不需要用概去刮平,它自然满平,这是它的正直。流动不止,达到公平的地步为止,这是它的正义。别人都争着往高处去,唯水往低处流,这是它的谦卑。谦卑,是道的居室,是王者的器量。这里,管子主要称颂的是水的仁善、聪明、正直、谦卑,具有明显的道家色彩。

———————————

❶ 《慎子》。

❷ 《管子·水地》。

2. 墨子论水——江河不恶小谷之满已也

墨子是九流十家中墨家的开创者。对水德的推崇主要
体现在他的尚贤主张中,在其著作《墨子》中讲:

　　良弓难张,然可以及高入深;良马难乘,然可以任重致
远;良才难令,然可以致君见尊。是故江河不恶小谷之满已
也,故能大。圣人者,事无辞也,物无违也,故能为天下器。
是故江河之水,非一源之水也;千镒之裘,非一狐之白也。❶

墨子主要强调的是君主要有海纳百川的胸怀,才能够
广泛地吸纳人才,真正地做到尚贤任能,无所偏私。尤其是
对那些才高性傲的人才,更要包容涵养。如果心存芥蒂,求
全责备,则会遗漏大量的人才。

墨子像

3. 刘安论水——是谓至德

刘安是西汉宗室,著有《淮南子》,属于杂家。刘安以
水喻人,《淮南子》中说:

　　天下之物,莫柔弱于水。然而大不可及,深不可测;修
极于无穷,远沦于无涯;息耗减益,通于不訾;上天则为雨
露,下地则为润泽;万物弗得不生,百事不得不成;大包群生
而无好憎,泽及蚑蛲而不求报,富赡天下而不既,德施百姓而

刘安像

不费;行而不可得穷极也,微而不可得把握也;击之无创,刺
之不伤,斩之不断,焚之不然(燃);淖溺流遁,错缪相纷而不
可靡散;利贯金石,强济天下;动溶无形之域,而翱翔忽区之
上,遭回川谷之间,而滔腾大荒之野;有余不足,与天地取与,授万物而无所前后。是故无所
私而无所公,靡滥振荡,与天地鸿洞;无所左而无所右,蟠委错紾,与万物始终。是谓至德。❷

意思是:水虽然柔软,然而它"大不可及,深不可测",长到无穷,远到无涯;它可以上
天入地,润泽万物。如果没有它,万物不能生存,百事不能成功;它包育万物,泽被天下,而
不要求回报,也不会消耗自身。它的行动,周而复始,没有终止;微不可觉,而不可把握。
它柔软而不会受到伤害,到处流动、交错纷乱,而不会被分散;它的团结显示出强大无比的
力量,"利贯金石,强济天下"。行动于无形的区域,而翱翔于天空之上;迂回于山谷之间,
而奔腾于大荒之野。损有余而补不足,为天地之间行取与之道。授予万物没有先后,也无
所谓公私。它流散振荡,像天地一样宏大幽深,它盘曲、交错、迂回流转,伴随万物的终始。
它的这些性质如此接近于道,以至于淮南子称水具有"至德"——至高无上的德行。

综上所述,尽管我国古代思想家大都推崇水德,但他们的区别还是很明显的。道家主
要推崇的是水的智性:它像有道之士一般聪明睿智,善于审时度势、灵活机变地处理事务;
又像有道之士一般充满智慧、虚怀若谷。儒家人物主要是推崇水的德行,水是有德之人人
格的具体表现:在与外物的关系方面,它博施万物、与人为善;在个人操守方面,它守正不

❶ 《墨子·亲士》。
❷ 《淮南子·原道训》。

屈、踏实进取。墨家主要侧重于水的胸怀博大,兼容并包。法家主要侧重于公平如一,与时俱进。由于各家思想的侧重点不同,他们对水德的阐释也各有千秋,但共同点在于他们都重视水的和谐性。这种重视和谐的文化精神对中国文化有强大的塑造之功,造就了中国文化的柔性智慧。不同于二元对立、激烈冲突的西方文化,中国文化具有一种包容的气质,所谓海纳百川,有容乃大;它有一种潜移默化的力量,如水之浸润万物,日久见功;它有一种济世的情怀,如同君子成人之美,如同善人爱物利人;在奋斗阶段,它稳重低调、踏实进取;在功成之后,它恬淡谦退、与世无争;在立身处世方面,它表现为道高德崇、与物无忤;在施政治国方面,它表现为重视民意、因势利导。这种柔性的智慧赋予中国文化一种强大的生命力,使其历经风雨而屹立不倒,百遭磨难而终获新生。时至今日,这种文化精神仍然散发出它独有的魅力,香远益清、历久弥新,很值得我们后人去继承和发扬。

第二节　水的自然属性:中国古代关于治水的哲学思想

我国地形复杂,众多的河流犹如大地的经脉,滋养着广大流域内的人民;但同时,由于受季风气候的影响,我国大部分地区水旱灾害频繁。尤其是黄河,一方面由于其河流、水质的复杂,难以治理,经常决口泛滥,造成众多的灾害;另一方面,由于其地理位置的特殊性,导致黄河状况的好坏与北方广大地区人民的生活,甚至与历代王朝的命运息息相关。因此,历代王朝都把治理黄河作为一件关系帝国兴衰存亡的头等大事来对待。

在大一统专制帝国出现之前的春秋战国时代,中国大地上列国并立,彼此角逐。周王朝势力衰微,无力指挥列国,自然无法调动起各国的资源共同治理水患。这一时期的治水工作,主要是各诸侯王在自己的国境之内进行。其缺点是很明显的:各国只关注自身的利害,不可能通观全局;有时候为了便利自己,甚至会以邻为壑,做出许多损害邻国利益的事情,白圭治水就是个例子。春秋时代还相对好一点,因为有列国的盟约来维持国际的水利公平。但到了战国时代,连这种微弱的联系也不复存在了。各国在治水上都是各自为政,根本不可能关照他国的利益。

一、管仲的治水思想

春秋时代,管仲是较早认识到水的重要性的一位政治家、思想家。《管子》中有这样一段文字记载:

故曰:水者何也? 万物之本原也,诸生之宗室也,美恶、贤不肖、愚俊之所产也。何以知其然也? 夫齐之水道躁而复,故其民贪粗而好勇;楚之水淖弱而清,故其民轻果而贼;越之水浊重而洎,故其民愚疾而垢;秦之水泔㝡而稽,淤滞而杂,故其民贪戾罔而好事;齐晋之水枯旱而运,淤滞而杂,故其民谄谀葆诈,巧佞而好利;燕之水萃下而弱,沈滞而杂,故其民愚戆而好贞,轻疾而易死;宋之水轻劲而清,故其民闲易而好正。是以圣人之化世也,其解在水。故水一则人心正,水清则民心易。一则欲不污,民心易则行无邪。是以圣人之治于世也,不人告也,不户说也,其枢在水。❶

<hr />

 ❶ 《管子·水地》。

管子将各国民众的性质与当地的水质联系起来，认为是水质造就了他们各自不同的国民性格。虽然有点奇特，但不是毫无道理。他接着指出，统治者要想教化民众，解决方法就在于水；水性单一人心就纯正，水质清洁民心就平和。心正就不会被贪欲所污染，心平和则不会有邪恶行径。因此，管子得出的结论是：国君要治理好国家，不需要人人告知，户户劝说，其关键在于治理好水。这真是一个很有创意的想法。《管子》记载：

故圣人之处国者，必于不倾之地，而择地形之肥饶者。乡山，左右经水若泽。内为落渠之写，因大川而注焉。乃以其天材、地之所生，利养其人，以育六畜。❶

管子首先讲到选定国都的问题，选国都一定要选择在稳妥可靠的地方，要靠山，左右有水经过。这样就可以依靠天时地利，养活百姓，蓄养牲畜。接下来《度地》篇有多段文字讲到如何利用水利、防治水害，表现出一位杰出政治家的务实精神：

夫水之性，以高走下则疾，至于漂石；而下向高，即留而不行。故高其上，领领之，尺有十分之三，里满四十九者，水可走也。乃迁其道而远之，以势行之。水之性，行至曲必留退，满则后推前，地下则平行，地高即控，杜曲则捣毁。杜曲激则跃，跃则倚，倚则环，环则中，中则涵，涵则塞，塞则移，移则控，控则水妄行，水妄行则伤人。❶

大意是：水的特点是，从高处流下就很猛，甚至能冲走石头；但从下往上走，就会停滞不前。因此，把它的水位抬高，就有势能可用。水流到拐弯的地方就停止、后退，直到后边的水蓄满了，再推着它向前。地势平它就流得慢，地势高它就流得急。地势曲曲折折，它就会被激得跳起来，然后偏流、形成漩涡，下陷、聚集、泥沙沉淀、堵塞河道，继而改道、乱流，这样就危害到人民。

请除五害之说，以水为始。请为置水官，令习水者为吏：大夫、大夫佐各一人，率部校长、官佐各财足。乃取水左右各一人，使为都匠水工。令之行水道、城郭、堤川、沟池、官府、寺舍及州中，当缮治者，给卒财足。

令甲士作堤大水之旁，大其下，小其上，随水而行。地有不生草者，必为之囊。大者为之堤，小者为之防，夹水四道，禾稼不伤。岁埤增之，树以荆棘，以固其地，杂之以柏杨，以备决水。民得其饶，是谓流膏，令下贫守之，往往而为界，可以毋败。❶

管仲以水害为五害之首。为了更好地防治水患，管仲要求设立专门的水官和下属的负责人员，让他们日常巡视河流、城郭、堤坝、沟池、官府和州中，发现该修治的地方，上边就会拨给人力、财力。

让军士在河两岸造下宽上窄的堤坝。在一些不毛之地，要造水库。堤坝夹护河道，保护庄稼。每年增修，种上荆棘，以固定土壤，还要种柏树、杨树，防备洪水冲决。人民能得到富饶，这水简直是流油一般。让贫民分段守护，各守其界，可以使堤防事业不会败坏。《度地》篇记载：

"常令水官之吏，冬时行堤防，可治者章而上之都。都以春少事作之。已作之后，常案行。堤有毁作，大雨，各葆其所，可治者趣治，以徒隶给。大雨，堤防可衣者衣之。冲水，可据者据之。终岁以毋败为固。此谓备之常时，祸何从来？所以然者，独水蒙壤，自塞而行者，江河之谓也。岁高其堤，所以不没也。春冬取土于中，秋夏取土于外，浊水入之不能

❶ 《管子·度地》。

为败。"❶

意思是：经常派水官的属吏，冬天时候巡视堤坝，发现该修治的地方就奏报都水官。都水官在春季农闲时节修堤。修造之后，要常常检查。如果遇到大雨，堤坝毁坏了，各自负责自己的地段，该修的马上修，派犯人去劳作。下暴雨时，对堤坝该覆盖的要盖，该加固的要加固。这就叫作平时防备，灾祸不来。原因是，浊水携带泥沙，会堵塞河道。每年增高堤坝，就是为了堤坝不被淹没。按季节取土，不破坏堤坝的植被，这样洪水来了，也不会毁坏堤坝。

从中可以看出，管仲非常重视堤坝的日常修护，派专门的官员负责检查、维修。同时，他还重视堤坝的水土保护，为了防止浑水冲刷堤坝、泥沙沉淀堵塞，他强调要保护堤坝内外的植被。管仲在春秋时代就懂得重视堤坝上的植被以保护水土，是非常了不起的。《立政》篇记载：

决水潦，通沟渎，修障防，安水藏，使时水虽过度，无害于五谷。岁虽凶旱，有所粉获，司空之事也。❷

管仲希望，通过以上的种种努力，可以实现如下的美好愿景：即使水量过多，也不会危害庄稼；即使有干旱，也仍然能收获粮食。

二、贾让的治河三策

从汉代开始，大一统帝国的统治渐渐稳固。到了西汉后期，黄河频繁决口，灾害连连。朝廷在治河之中投入太多的精力，但终是治标不治本，水灾成了长期困扰帝国政府的头等难题。为了彻底解决黄河的泛滥问题，西汉哀帝初年，朝廷下诏，向全国广大吏民征求治河之策。待诏贾让于此时提出了他著名的治河三策。班固的《汉书》对此有完整的记录：

贾让像

治河有上、中、下策。古首立国居民，疆理土地，必遗川泽之分，度水势所不及。大川无防，小水得入，陂障卑下，以为污泽，使秋水多，得有所休息，左右游波，宽缓而不迫。夫土之有川，犹人之有口也。治土而防其川，犹止儿啼而塞其口，岂不遽止，然其死可立而待也。故曰："善为川者，决之使道；善为民者，宣之使言。"盖堤防之作，近起战国，雍防百川，各以自利。齐与赵、魏，以河为竟。赵、魏濒山，齐地卑下，作堤去河二十五里。河水东抵齐堤，则西泛赵、魏，赵、魏亦为堤去河二十五里。虽非其正，水尚有所游荡。时至而去，则填淤肥美，民耕田之。或久无害，稍筑室宅，遂成聚落。大水时至漂没，则更起堤防以自救，稍去其城郭，排水泽而居之，湛溺自其宜也。今堤防陿者去水数百步，远者数里。近黎阳南故大金堤，从河西西北行，至西山南头，乃折东，与东山相属。民居金堤东，为庐舍，往十余岁更起堤，从东山南头直南与故大堤会。又内黄界中有泽，方数十里，环之

---

❶《管子·度地》。

❷《管子·立政》。

第二章 水与中国古代哲学

有堤，往十余岁太守以赋民，民今起庐舍其中，此臣亲所见者也。东郡白马故大堤亦复数重，民皆居其间。从黎阳北尽魏界，故大堤去河远者数十里，内亦数重，此皆前世所排也。河从河内北至黎阳为石堤，激使东抵东郡平刚；又为石堤，使西北抵黎阳、观下；又为石堤；使东北抵东郡津北；又为石堤，使西北抵魏郡昭阳；又为石堤，激使东北。百余里间，河再西三东，迫厄如此，不得安息。❶

这段文中，贾让首先明确治水的根本原则是顺从流水的自然之性，反对人为地控制河流。他指出筑造堤防是战国开始兴起的，其实不是一种好的做法；但由于当时齐、魏、赵三国君主筑造的堤防距离河边较远，有二十五里左右，给河流留下了泛滥的余地，因而没有造成什么危害。但如今人与水争地，近水而居，将新建堤防推进到距河几里甚至几百步的位置；而且由于新建的堤防人为地控制河流的方向，导致黄河在一百多里的距离内居然五次改变流向，为黄河制造了巨大的隐患。

《汉书》记载贾让提出的治河上策：

今行上策，徙冀州之民当水冲者，决黎阳遮害亭，放河使北入海。河西薄大山，东薄金堤，势不能远泛滥，期月自定，难者将曰："若如此，败坏城郭田庐冢墓以万数，百姓怨恨。"昔大禹治水，山陵当路者毁之，故凿龙门，辟伊阙，析底柱，破碣石，堕断天地之性。此乃人功所造，何足言也！今濒河十郡治堤岁费且万万，及其大决，所残无数。如出数年治河之费，以业所徙之民，遵古圣之法，定山川之位，使神人各处其所，而不相奸。且以大汉方制万里，岂其与水争咫尺之地哉？此功一立，河定民安，千载无患，故谓之上策。❶

贾让认为，最上的策略，是迁走这些居住在黄河泛滥区的百姓，决开黎阳的遮害亭，使黄河北流入海。这才是永久性解决问题的方案，"定山川之位，使神人各处其所，而不相奸"，可以做到千年无患。

贾让提出的治河中策，《汉书》记载如下：

若乃多穿漕渠于冀州地，使民得以溉田，分杀水怒，虽非圣人法，然亦救败术也。难者将曰："河水高于平地，岁增堤防，犹尚决溢，不可以开渠。"臣窃按视遮害亭西十八里，至淇水口，乃月金堤，高一丈。自是东，地稍下，堤稍高，至遮害亭，高四五丈。往六七岁，河水大盛，增丈七尺，坏黎阳南郭门，入至堤下。水未逾堤二尺所，从堤上北望，河高出民屋，百姓皆走上山。水留十三日，堤溃，吏民塞之。臣循堤上，行视水势，南七十余里，至淇口，水适至堤半，计出地上五尺所。今可从淇口以东为石堤，多张水门。初元中，遮害亭下河去堤足数十步，至今四十余岁，适至堤足。由是言之，其地坚矣。恐议者疑河大川难禁制，荥阳漕渠足以卜之，其水门但用木与土耳，今据坚地作石堤，势必完安。冀州渠首尽当卬此水门。治渠非穿地也，但为东方一堤，北行三百余里，入漳水中，其西因山足高地，诸渠皆往往股引取之；旱则开东方下水门溉冀州，水则开西方高门分河流。通渠有三利，不通有三害。民常罢于救水，半失作业；水行地上，凑润上彻，民则病湿气，木皆立枯，卤不生谷；决溢有败，为鱼鳖食：此三害也。若有渠溉，则盐卤下湿，填淤加肥；故种禾麦，更为粳稻，高田五倍，下田十倍；转漕舟船之便：此三利也。今濒河堤吏卒郡数千人，伐买薪石之费岁数千万，足以通渠成水门；又民利其溉灌，相率治渠，虽劳不罢。民田适治，河堤亦成，

---

❶ 《汉书·沟洫志》。

此诚富国安民，兴利除害，支数百岁，故谓之中策。❶

中策，是在黄河水道的河北一侧，多开一些渠道，一方面灌溉，一方面减弱黄河干流的水势。贾让经过实地考察发现，遮害亭西边十八里的淇水口，堤防高一丈；到了遮害亭，已高四五丈。涨水时节，水面距离坝顶仅仅二尺多。他在堤上巡视，发现河水高于屋顶，百姓纷纷逃到山上，景象触目惊心。有大臣认为在黄河堤坝上开口会导致决口，贾让提出可在那里设水门。在黄河边侧开漕分流，建一条坚固的石堤，北行三百多里，导入漳河之中，就能解决问题。有三个好处：一是灌溉增加土地肥力；二是改种稻谷，可增加粮食收入；三是增加水运的便利。

最下之策，《汉书》如此记载：

若乃缮完故堤，增卑倍薄，劳费无已，数逢其害，此最下策也。

贾让认为，至于不断修缮、加高加厚旧堤坝，徒然消耗劳力和费用，仍然会不断受害，这是最下等的策略。

贾让的治河三策，格局宏大，高屋建瓴，是非常杰出的创见，而且他的主张建立在实际考察的基础之上，具有极大的可行性，可惜当时未被朝廷采纳。

到了王莽的新朝，朝廷又一次广泛征求治河的人才。其中有些人也提出一些很有价值的见解。例如，长水校尉平陵关说：黄河下游某些地区"其地形下而土疏恶"，本来就不适合人民居住，提议"可空此地，勿以为官亭民室而已。"这个主张和贾让的治河上策基本一致，很有可能受到贾让的影响。

《汉书》记载，时任大司马史张戎对治河也有自己的见解：

水性就下，行疾则自刮除成空而稍深。河水重浊，号为一石水而六斗泥。今西方诸郡，以至京师东行，民皆引河、渭山川水溉田。春夏干燥。少水时也，故使河流迟，贮淤而稍浅；雨多水暴至，则溢决。而国家数堤塞之，稍益高于平地，犹筑垣而居水也。可各顺从其性，毋复灌溉，则百川流行，水道自利，无溢决之害矣。❶

他指出，本来黄河的流水很急，能够冲刮泥土而加深河床，造成河水重浊；由于黄河水浑浊，多泥沙，沿河百姓又多引河流灌溉，导致黄河下游的水流速度变慢，泥沙沉淀，抬高了河床，暴雨来临时，就会溢出堤坝而决口。每次决堤，国家都要堵住决口、加高堤坝，弄得河流比地面还高。简直成了在水中筑墙而居，这样怎么可以？希望能顺从黄河的水性，不要用它灌溉，那么自然水道畅通，不会再有溢出决口的祸害。张戎这种主张跟贾让的中策正相反，反对分流黄河用于灌溉。虽然不太可行，但他看到了黄河最大的问题是泥沙的问题，治水先治沙，倒也是明见。

尽管当时有不少大臣纷纷提出建议，但由于这些朝臣大都没有做过实地调查，只是在朝廷上放言高论，结果这些建议大多都成了纸上谈兵，最终没有一种能够得以实施。

从汉代直到清末，历朝历代的治水人士，尽管在治理黄河的具体办法上取得过一定的成效，但终究是治标不治本，只是在具体的技术操作层面上有所发展，而没有形成完整的治水思想。像贾让这样视野宏大、布局深远的治河策略，再也没有出现过。

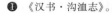

❶《汉书·沟洫志》。

第三章 水与中国文学

水,是生命之源,它孕育了地球上的一切生物;水,是文明之源,它浸泡了人类文明的种子,华夏文明的历史就是一部人与水之间的关系史;水,孕育了中国文化,以其丰富的文化资源影响着人们的思想、观念和行为;水,还是启迪文心和艺术匠心的源泉,水对中国古代文学艺术的影响是直接、深刻而又巨大的。

自古以来,中国文人墨客无不对水倾注着真挚的感情,尤为突出的是,水在文学艺术创作中的分量与地位举足轻重,咏诵水的文学艺术作品可谓如织似绣,不可胜数。水在文人那里获得了深厚的文化意蕴,经过文学艺术的描绘,更充分展示出深蕴其中的美。

刘勰《文心雕龙·物色》说:"若乃山林皋壤,实文思之奥府……然屈平所以能洞监风骚之情者,抑亦江山之助乎!❶"水既是文学艺术表现的对象,又是启迪文心和艺术匠心的源泉。细读中国的经典文学作品,几乎无水不写,写则涉水。中国古代文学的各种形式——神话、诗歌、散文,乃至书法、文字、楹联等,都与水结下了不解之缘。而在一代代文学作品中,水主要具有以下表意功能和特定的文化审美效应。

第一节 水与文学之抒情

"水孕育文明,水表现文明"。水作为生命的基因,文化的摇篮,与诗词歌赋有着十分密切的关系。纵观中国文学发展史,不论从《诗经》到《楚辞》,从唐诗宋词到汉赋元曲,乃至历代江南民歌中此起彼伏的连曲,也不论是"花间派""南唐派""婉约派"或"豪放派",水都以一种独特的媒介与形式流动其中。"得江河湖海之神韵,写诗词歌赋之绝唱",一直以来,多少文客骚人就这样汇聚了山水之灵气,绘就了中国东方文学艺术那神秘独特而极具神采的辉煌一页。人生的酸甜苦辣、人生的嬉笑怒骂、人生的荣辱得失都与水的腾挪跌宕、水的九曲回肠、水的聚合离分有着惟妙惟肖的形似与千丝万缕的神似。

"登山则情满于山,观海则意溢于海"❷。水,以其柔弱故,几乎能表达人类的一切情感。历代中国文人就这样面对着江河湖海,面对着浩渺烟波,抚今追昔,由人及己,不禁感慨万千,文思喷涌,写下多少千古绝唱!爱情、友情、亲情可以在水里找到媒介,失意、漂泊、愁怨可以在水里找到寄托,豪情、血气、奔放也可以在水里找到知音。因此,水成了文人墨客情感的载体,寄托了他们关于生命之叹、相思之苦、思乡之痛。

❶ (南北朝)刘勰著,陈书良整理. 文心雕龙[M]. 北京:作家出版社,2017:358.
❷ (南北朝)刘勰著,陈书良整理. 文心雕龙[M]. 北京:作家出版社,2017:295.

一、流水与古人的生命之叹

水流与人生有着诸多相同之处,亦有许多不同之处。水流不返,人的生命不可往复,这是二者之同。然而,人生有涯而流水无尽,这是二者之异。古代文人常常在这种对比中生出低徊的咏叹。他们在抒发个人身世、生命之悲时,总不忘以流水为喻。

孔子观水

《论语·子罕》中孔子观于川而痛发"逝者如斯夫,不舍昼夜"的慨叹,将时间之流比作东去之水。汉诗"百川东入海,何时复西归",陆机《叹逝赋》"悲夫,川阅水以成川,水滔滔而日度;世阅人而为世,人冉冉而行暮"寄寓物我相照之意。张协《杂诗十首(其二)》"人生瀛海内,忽如鸟过目。川上之欢逝,前修以自勖",郭璞《游仙诗十九首(其四)》"临川哀年迈,抚心独悲咤"延伸为岁老独悲之慨。北朝乐府《陇上壮士歌》"西流之水东流河,一去不还奈何"则重现了易水送别之恨。流水常使人因物思己,顿发今昔盛衰、瞻前感伤之嗟,陶渊明在《闲情赋》中也写下了"寄弱志于归波"的得意忘言之句。宋玉的词赋里已经出现临水的悲情,较多地发挥了孔子川上而叹的忧伤成分。南朝诗人谢朓的名句"大江流日夜,客心悲未央"(《暂使下都夜发新林至京邑赠西府同僚》),借江水抒发仕宦生涯中的悲苦。李白写过豪迈雄壮的水,但不得志时也不免慨叹"古来万事东流水"(《梦游天姥吟留别》),流露出浮生如梦,万事无价值的虚幻感。南唐后主李煜,国破家亡之后以"落花流水春去也"(《浪淘沙》)象征宝贵荣华的消失。"问君能有几多愁?恰似一江春水向东流"(《虞美人》),更是为人熟知的句子。滔滔江水全是愁情化作,浩荡而不返,个人身世的哀叹之中也含有历史、人生的悲伤。就连苏轼这样旷达的人,消沉时也会伤感"春色三分,二分尘土,一分流水"(《水龙吟·次韵章质夫杨花词》)青春、才华、富贵、功名,一切如"春色"一样美好之物,到头来不是归于尘土(腐烂),便是付诸流水(逝而无踪)。"流水"在这里成为人生无价值的象征。小说《三国演义》卷首的《临江仙》词,上阕是:"滚滚长江东逝水,浪花淘尽英雄。是非成败转头空,青山依旧在,几度夕阳红。"首二句脱胎于苏词,但基调比苏调低徊,流露出人生空幻的悲凉情绪。与长流不已的江水相比,英雄和他们的业绩显得短暂而又微不足道。这种情绪的确不够豪迈和昂扬,但在人类的审美意识中,它的存在却是不可否认的。

正是由于流水寄寓了古人的种种生命之叹,因此中国古人对物候农时相当敏感,随着文人主体情性的觉醒和发展,流水意象常与惜时叹逝情愫相伴而生。如《金楼子·立言》称:"驰光不流,逝川倏忽,尺日为宝,寸阴可惜";《颜氏家训·勉学》云:"光阴可惜,譬诸逝水,当博览机要,以济功业"。唐宋以来,流水意象的涵泳代代层累。如李白《古风五十九首(其三十九)》《江上吟》感流水而悟富贵功名不可久驻:"荣华东流水,万事皆波澜""功名富贵苦常在,汉水亦应西北流";张九龄《登荆州城望江二首》亦吟哦"滔滔大江水……经阅几世人";白居易《不二门》的"流年似江水,奔注无昏昼",与杜牧《汴河阻冻》相仿佛:"浮生却似冰底水,日夜东流人不知";廖世美《烛影摇红·题安陆浮云楼》"催促年光,旧来流水知何处"和陆游《黄州》"江声不尽英雄恨"等,也都倾诉了岁月蹉跎带给人的难以排解的牢落感。

"击楫中流"作为英雄欲复兴山河所痛发的铁誓,每当社稷艰危、国将不国时,辄为志士仁人所惯道,两宋之交至南宋更不乏此咏。如陈人杰《沁园春》"满目江山无限愁,关情处,是闻鸡半夜,击楫中流";张孝祥《水调歌头》"我欲乘风去,击楫誓中流";文及翁《贺新郎·西湖》"簇乐红妆摇画艇,问中流,击楫谁人是?千古恨,几时洗"等,不一而足。直至清人,还在抒发这类难以平复的缺失怆痛、无力回天的于心不甘。

自然界中水的流动经艺术本体的集散,泛化并反馈到主体内心的想象空间,因而一种特殊形态的流水——泪水,也就加入到流水意象系列中。西晋刘琨《扶风歌》已有"据鞍长叹息,泪下如流泉";南朝吴歌《华山畿》"泪如漏刻水,昼夜流不息""长江不应满,是侬泪成许",鲍照《吴歌三首》"但观流水还,识是侬流下"似此。岑参《西过渭州,见渭水思秦川》"渭水东流去,何时到雍州?凭添两行泪,寄向故园流",李白《去妇词》"相思若循环,枕席生流泉"等皆然。苏轼《江神子》有"欲寄相思千点泪,流不到,楚江东",秦观《江城子》又有"便作春江都是泪,流不尽、许多愁";而珠帘秀《(正宫)醉西施》继之以"满眼春江都是泪,也流不尽许多愁"。然而,不管是江水、河水、溪水、泉水还是泪水,是流尽流不尽,流到流不到,水似乎总是在不停地流,其深层底蕴便是主体情感之流的不可遏止与绵延无穷。

然而并不是所有的文人面对流水都满怀悲欢之情,水流不返,似乎是人生不可往复,然而水流之"不舍昼夜",则往往代表了生命不惜。面对流水往往勾起他们不屈的斗志,生命不息,奋斗不止。水的力量、水的精神、水的气概给了他们生命之魄,思想之力,如:

东临碣石,以观沧海。

水何澹澹,山岛竦峙。

树木丛生,百草丰茂。

秋风萧瑟,洪波涌起。

日月之行,若出其中。

星汉灿烂,若出其里。

幸甚至哉,歌以咏志。

【译文】

东行登上碣石山,来观赏那苍茫的海。

海水多么宽阔浩荡,山岛高高地挺立在海边。

树木和百草丛生，十分繁茂。

秋风吹动树木发出悲凉的声音，海中涌着巨大的海浪。

太阳和月亮的运行，好像是从这浩瀚的海洋中发出的。

银河星光灿烂，好像是从这浩瀚的海洋中产生出来的。

我很高兴，就用这首诗歌来表达自己内心的志向。

东汉献帝建安十二年（公元207），曹操北定乌恒胜利回师，途经秦皇岛，触景生情写下了中国第一篇描绘大海的诗篇——《观沧海》，被视为中国山水诗的先声。在诗人眼里，那动荡的海水，那竦峙的山岛，那郁郁葱葱的草木，都随着一阵萧瑟的秋风，将诗人的思绪跟着水涌起层层波澜。在他的想象中，日月星汉在大海的怀抱中运行，大海具有包容一切的胸襟。诗人表面在描绘大海，其实在抒发自己的感情。他将昂扬的斗志，统一天下的勃勃雄心，都融进了对大海的审美体验之中，使他笔下的大海具有了特别的生命，其雄才大略的呼喊穿越千年而久久不能消失。

大雨落幽燕，白浪滔天，秦皇岛外打鱼船。

一片汪洋都不见，知向谁边？

往事越千年，魏武挥鞭，东临碣石有遗篇。

萧瑟秋风今又是，换了人间。

英雄所见略同。时隔1600多年，一代伟人毛泽东面对湘江水，抚今追昔，灵感大发地挥就了以上贯通古今、连接时空的文字，热情歌颂了"风华正茂""恰同学少年"的伟人，和"粪土当年万户侯"的勃勃雄心：

独立寒秋，湘江北去，橘子洲头。

看万山红遍，层林尽染；漫江碧透，百舸争流。

鹰击长空，鱼翔浅底，万类霜天竞自由。

怅寥廓，问苍茫大地，谁主沉浮？

携来百侣曾游，忆往昔峥嵘岁月稠。

恰同学少年，风华正茂；书生意气，挥斥方遒。

指点江山，激扬文字，粪土当年万户侯。

曾记否，到中流击水，浪遏飞舟？

【译文】

在深秋一个秋高气爽的日子里，我独自伫立在橘子洲头，眺望着湘江碧水缓缓北流。看万千山峰全都变成了红色，一层层树林好像染过颜色一样，江水清澈澄碧，一艘艘大船乘风破浪，争先恐后。鹰在广阔的天空飞，鱼在清澈的水里游，万物都在秋光中争着过自由自在的生活。面对着无边无际的宇宙，（千万种思绪一齐涌上心头）我要问：这苍茫大地的盛衰兴废由谁来决定主宰呢？

回想过去，我和我的同学，经常携手结伴来到这里游玩，在一起商讨国家大事，那无数不平凡的岁月至今还萦绕在我的心头。同学们正值青春年少，风华正茂；大家踌躇满志，意气奔放，正强劲有力。评论国家大事，写出这些激浊扬清的文章，把当时那些军阀官僚看得如同粪土。还记得吗？那时我们在江水深急的地方游泳，那激起的浪花几乎挡住了疾驰而来的船？

【赏析】

上阕描绘了一幅多姿多彩、生机勃勃的湘江寒秋图，并即景抒情，提出了苍茫大地应该由谁来主宰的问题。"看万山红遍，层林尽染"，一个"看"字，总领七句，描绘了独立橘子洲头所见到的一幅色彩绚丽的秋景图。既是四周枫林如火的写照，又寄寓着词人火热的革命情怀。红色象征革命，象征烈火，象征光明，"万山红遍"正是词人"星火燎原"思想的形象化表现，是对革命与祖国前途的乐观主义的憧憬。"鹰击长空，鱼翔浅底，万类霜天竞自由。"则是词人对自由解放的向往与追求。词人从山上、江面、天空、水底选择了几种典型景物进行描写，远近相间，动静结合，对照鲜明。这七句，为下面的抒情提供了背景，烘托了气氛。"怅寥廓，问苍茫大地，谁主沉浮？"的感叹，这一问道出了词人的雄心壮志，表现了他的博大胸怀，由写景直接转入抒怀，自然带出下半阕的抒情乐章。

下半阕着重抒情，但也不乏情中含景之处。"忆往昔峥嵘岁月稠"，以峥嵘形容岁月，新颖、形象，自然地引起对往昔生活的回忆，将无形的不平凡岁月，化为一座座有形的峥嵘山峰，给人以巍峨奇丽的崇高美。"恰同学少年，风华正茂"一个"恰"字，统领七句，形象地概括了早期革命者雄姿英发的战斗风貌和豪迈气概。"中流击水，浪遏飞舟"，也是一幅奋勇进击、劈波斩浪的宏伟画面。可以说，这首词的崇高美，是以情为经线，景为纬线，交织而成的。

全词通过对长沙秋景的描绘和对青年时代革命斗争生活的回忆，提出了"谁主沉浮"的问题，表现了词人和战友们为了改造旧中国英勇无畏的革命精神和壮志豪情，形象含蓄地给出了"谁主沉浮"的答案：主宰国家命运的，是以天下为己任、蔑视反动统治者、敢于改造旧世界的革命青年。

诚如现任湖州市中学语文研究会副会长莫银火所云："毛泽东的《沁园春·长沙》却是心忧天下，豪气干云，自始至终表现的是一种拯救天下、舍我其谁的责任，未见霸气，却是王者之气。"无论是曹操的作品，还是毛泽东的作品，其所体现出的是不同于传统文人哀怨的生命之叹。

然而无论是哀怨之情，还是豪壮之气，其所体现出的都是生命本身的动态过程。卡西尔《人论》指出："艺术使我们看到的是人的灵魂最深沉和最多样化的运动。但是这些运动的形式、韵律、节奏是不能与任何单一情感状态同日而语的。我们在艺术中所感受到的不是哪种单纯的或单一的情感性质，而是生命本身的动态过程……❶"

中国古代文人的悲悲喜喜，柔情与壮志，希望与恐惧等情感，当然并非简单线性对应地赋予流水意象，而是多线并进、交错组合地纠结一处，牵一而动万。在个别文本情境中，流水意象往往展示的是其历时性系统的通体韵味，它是古人情感系统中的兴奋点，一般聚集在主体自我价值上，因而常常带有一定的理性哲思。而这同流水意象系统背后的水文化的底蕴是分不开的。

二、流水与悲欢离合——因水造境两相思

流水不仅勾起了古人生命之叹，更导致了离情别绪骤然增多，流水遂多寄寓愁情恋

❶ 恩斯特·卡西尔. 人论［M］. 上海：上海译文出版社，1985：189.

语,多含不绝如缕的思乡之情。

　　自古以来,青青绿绿、晶莹明丽、渺渺蒙蒙的自然之水,与女人从春流到夏、从秋流到冬的泪水有着奇妙的相似之处,因此水也就自然成了爱情的媒介与载体。而爱情的一失不可重圆,又与上述的人生感慨何其相似:"黄葛结蒙笼,生在洛溪边。花落逐水去,何当顺流还?——还亦不复鲜!"而水也往往成为古往今来历朝历代文人情感的载体。因此,我国古典爱情诗词中,那些因水起兴、触水生情、借水抒怀的水文化现象,便从《诗经》一直流传到如今:

　　关关雎鸠,在河之洲。窈窕淑女,君子好逑。

　　参差荇菜,左右流之。窈窕淑女,寤寐求之。

　　求之不得,寤寐思服。悠哉悠哉,辗转反侧。

　　参差荇菜,左右采之。窈窕淑女,琴瑟友之。

　　参差荇菜,左右芼之。窈窕淑女,钟鼓乐之。

《关雎》意象画

【译文】

　　关关和鸣的雎鸠,相伴在河中小洲。美丽贤淑的女子,真是君子好配偶。

　　参差不齐的荇菜,左边右边不停采。美丽贤淑的女子,梦中醒来难忘怀。

　　美好愿望难实现,醒来梦中都思念。想来想去思不断,翻来覆去难入眠。

　　参差不齐的荇菜,左边右边不停摘。美丽贤淑的女子,奏起琴瑟表亲爱。

　　参差不齐的荇菜,左边右边去拔它。美丽贤淑的女子,鸣钟击鼓取悦她。

　　作为我国文化源头——《诗经》的第一篇,《关雎》就是一首因水起兴的爱情诗,描写一位痴情小伙子对心上人朝思暮想的执着追求。雎鸠的阵阵鸣叫诱动了小伙子的痴情,使他独自陶醉在对姑娘的一往深情之中。种种复杂的情感油然而生,渴望与失望交错,幸福与煎熬并存。

　　一位纯情少年热恋中的心态在这里表露得淋漓尽致。千百年来,多少人被这朴实可爱的恋情和美丽如画的场景彻底地感动。

第三章　水与中国文学

"南有乔木,不可休思;汉有游女,不可求思。汉之广矣,不可泳思;江之永矣,不可方思。"美好的女子,总是与水有着不解之缘。水或潺潺溪流如男女秋波,或曲折欢歌如两情相悦;或山转水绕如爱情永笃;或一泻千里如情缘突变。水在中国情人眼中,成了精神寄托的源头与艺术创作的基因。

"梳洗罢,独倚望江楼。过尽千帆皆不是,斜晖脉脉水悠悠。肠断白蘋洲。"温庭筠的《梦江南》一词,写尽了一位女子等待恋人回来的那一份肝肠寸断的痴情。在这里,白帆片片、斜晖脉脉、水流悠悠、小洲朦胧,一切均是那样的美好,一切又是那样的忧伤,只因为千帆过尽皆不是,恋人始终未回来。

我国现代派诗人郑愁予的《错误》亦表现出了对江南水乡一位女子痴痴守候爱情的悲歌:

> 我打江南走过
> 那等在季节里的容颜如莲花开落
> 东风不来,三月的柳絮不飞
> 你的心如小小的寂寞的城
> 恰若青石的街道向晚
> 跫音不响,三月的春帷不揭
> 你的心是小小的窗扉紧掩
> 我达达的马蹄是个美丽的错误
> 我不是归人,是个过客……

郑愁予的《错误》这首小诗,轻巧清隽,是一首至今仍脍炙人口的佳作。如果说,郑愁予的作品最能引起共鸣、最能打动人心灵深处的地方,莫过于美与情,那么《错误》这首诗可谓其中的佼佼者,为诗人奠定了他在诗坛上不可忽视的地位和影响。初看这首诗时,最先感受到的便是它的中国性。这是一首绝对的中国诗,是一首属于中国人的诗,讲着一个永恒、美丽的中国的故事。因此,这首诗的外壳虽标榜着学习西方技巧的现代派,但它所传达出的更深一层的中国传统意识是不可置疑的。

《错误》一诗,承受的可说是中国古代宫怨和闺怨一类诗歌的传统。诗中主人公"我"骑着马周游江南,留下了独守空闺的女子,日以继夜地等待着、盼望着情人"我"的归来。然而女子痴痴的深情却换来了漫长又百般无聊的等待。所以,她的心"如小小的寂寞的城",没有"东风"为她传递消息,没有满天飞舞的春天的"柳絮";所以她的心是"小小的窗扉紧掩",时刻留意着青石道上的"跫音",甚至连帷幕也不揭开,去看看窗外花团锦簇的春景。刘禹锡《和乐天春词》中"新妆宜面下朱楼,深锁春光一院愁"与上述所咏的怨情似有异曲同工之妙,含蓄不露,又悠长深远。终于"我"回来了,达达的马蹄声对她而言是美丽的,因为日盼夜盼的心上人归来了,但转瞬间,这无限的喜悦变成了无限的失望。因为"我"只不过是过路罢了,而不是"归人"。这"美丽的错误"捉弄了她,就好像上天捉弄了她一样。

或许,有些人会把诗中的"我"理解为浪子无家可归的悲哀,而这种理解是未尝不可的。处在那个动荡时代的台湾人的心态是一种漂泊,等待着一天能够有个定位,他们在台湾岛上仅是一个过客,想着有一天能回到故乡,与亲人团聚。然而,由于政治缘故,他们的愿望不能实现,因而产生出失落惆怅之感。不过,如果尝试把郑愁予的其他诗作与《错误》相对比的话,不难找出有力的旁证。如郑愁予《情妇》中"我想,寂寥与等待,对妇人是好的"和"因我不是常常回家的那种人"两行,皆表现出女子深守闺中,等待主人公归来的主题。另一首诗《窗外的女奴》中"我是南面的神,裸着的臂用纱样的黑夜缠绕。于是,垂在腕上的星星是我的女奴"亦透露了女子在冷清寂寞的悠长岁月中,空等着男子归来的凄凉心境。

《错误》这首诗共九行,九十四个字,篇幅不长,但所表现的艺术技巧不仅被人称道,更被人在口头上传诵。从结构上看,其隐含着纵横两条线索。明显可见的纵线是自大景到小景,层次分明。开头两句先以广阔的江南为背景,再将镜头推移到小城,然后到街道、帷幕、窗扉,最后落在马蹄上及打破前面一片寂静的马蹄声。这种写法与柳宗元《江雪》中从"千山鸟飞绝"的大景,最后落墨在渔翁独钓江心的小景上的空间处理,颇有相似之处,将诗情层层推向高潮。从横线来看,开头两句应该是结尾,正是因为"我"从江南走至女子的处所也不进去,女子期盼的"容颜如莲花开落",等待的炽情变成了心灰意冷。最后两句本应该是"我不是归人,是个过客",所以"我达达的马蹄是美丽的错误",在这里诗人用了一个小倒装句。这样的安排,造成了结构上的参差错落,因而更显得诗意盎然,在不协调中闪发出光彩。

这首诗另一动人之处是其语言之美,特别是"美丽的错误"数字。这句话原本就是矛盾的,"达达的马蹄"敲响了女子希望重逢的心灵深处,因而美丽。不过,这马蹄声仅仅从前面路过,并不为她的企盼而停驻,因而是个错误。这一起一伏,前后情景的逆转,产生了高度的戏剧性,更形成了清劲跌宕之势。若与此诗的中国性联想,又似王翰的"葡萄美酒夜光杯,欲饮琵琶马上催"所表现的意境。同时,郑愁予在诗中还运用了中国传统古典诗歌的意象,如"莲花""柳絮""马蹄""春帏",特别是"东风"这一意象取李商隐《无题》中"相见时难别亦难,东风无力百花残"之意,表现了郑愁予中国性的最根本的所在。杨牧在《郑愁予传奇》的长篇文章中说郑愁予是中国诗人,用良好的中国文字写作,形象准确,声籁华美,而且绝对的现代。强调了郑愁予诗歌语言的中国化,从而体现了中国的思想与情感。文字纯净是这首诗的另一个优点。郑愁予在谈论写诗技巧时,说:"写诗要忠诚,对自己诚,而不是唬唬人的,如果写的东西连自己都不确定,那就是不忠实。"因而郑愁予的《错误》强调纯净利落,清新轻灵,不在文字上玩弄游戏,或堆砌辞藻,竭力以最忠实的文字展示诗人最忠实的感情。这是一首真实、真情的诗。

《错误》至今仍能打动无数读者的心弦,我想最重要的因素不在于以辞藻取胜,而是以它内在的情感感动人。这种情感不伪装、不雕饰,在诗中使情景和谐一致,产生了意味不尽的艺术感染力。

郑愁予先生的《错误》可以说是一首关于爱情的悲歌,这首悲歌含蓄隽永,包含了水边那个痴痴等候的女子无限的深情。水边的爱情悲歌,在中国文学史中似乎不绝如缕,这些悲歌,有青年男女的,如元好问的《摸鱼儿》两首:

摸鱼儿·雁丘词

【序】泰和五年乙丑岁,赴试并州,道逢捕雁者云:"今旦获一雁,杀之矣。其脱网者悲鸣不能去,竟自投于地而死。"予因买得之,葬之汾水之上,垒石而识,号曰"雁丘"。时同

行者多为赋诗，予亦有《雁丘词》。旧所作无宫商，今改定之。

问世间，情为何物？直教人生死相许。天南地北双飞客，老翅几回寒暑。欢乐趣，离别苦，就中更有痴儿女。君应有语，渺万里层云，千山暮雪，只影向谁去？

横汾路，寂寞当年箫鼓。荒烟依旧平楚。招魂楚些何嗟及，山鬼暗啼风雨。天也妒，未信与，莺儿燕子俱黄土。千秋万古，为留待骚人，狂歌痛饮，来访雁丘处。

【译文】

泰和五年，我赴并州赶考，偶遇一个猎人说了一个故事，猎人将捕到的雁杀了，另一只已经逃走的雁却不肯离去，不断悲鸣，最后终于坠地自杀。我非常感动，花钱买了这对雁，把它们葬在汾水岸边，堆石为记，名为雁丘，写下这首雁丘词，旧作不协音律，现今修改了一番。

天啊！请问世间的各位，爱情究竟是什么，竟会令这两只飞雁以生死来相对待？南飞北归遥远的路程都比翼双飞，任它多少的冬寒夏暑，依旧恩爱相依为命。比翼双飞虽然快乐，但离别才真的是楚痛难受。到此刻，方知这痴情的双雁竟比人间痴情儿女更加痴情！相依相伴，形影不离的情侣已逝，真情的雁儿心里应该知道，此去万里，形孤影单，前程渺渺路漫漫，每年寒暑，飞万里越千山，晨风暮雪，失去一生的至爱，形单影只，即使苟且活下去又有什么意义呢？

这汾水一带，当年本是汉武帝巡幸游乐的地方，每当武帝出巡，总是箫鼓喧天，棹歌四起，何等热闹，而今却是冷烟衰草，一派萧条冷落。武帝已死，招魂也无济于事。女山神因之枉自悲啼，而死者却不会再归来了！双雁生死相许的深情连上天也嫉妒，殉情的大雁决不会和莺儿燕子一般，死后化为一抔尘土。将会留得生前身后名，与世长存。狂歌纵酒，寻访雁丘坟故地，来祭奠这一对爱侣的亡灵。

【赏析】

此词上阕开篇一句"问世间，情是何物，直教生死相许"一个"问"字破空而来，为殉情者发问，实际也是对殉情者的赞美。"直教生死相许"则是对"情是何物"的震撼人心的回答。在"生死相许"之前加上"直教"二字，更加突出了"情"的力量。"天南地北双飞客，老翅几回寒暑"这二句写雁的感人生活情景。

大雁秋天南下越冬而春天北归，双宿双飞。作者称他们为"双飞客"，赋予它们比翼双飞以世间夫妻相爱的理想色彩。"天南地北"从空间落笔，"几回寒暑"从时间着墨，用高度的艺术概括，写出了大雁的相依为命、相濡以沫的生活历程，为下文的殉情作了必要的铺垫。

"君应有语，渺万里层云，千山暮雪，只影向谁去"这四句是对大雁殉情前心理活动细致入微地揣摩描写。当网罗惊破双栖梦之后，作者认为孤雁心中必然会进行生与死、殉情与偷生的矛盾斗争。但这种犹豫与抉择的过程并未影响大雁殉情的挚诚，相反，更足以表明以死殉情是大雁深入思索后的理性抉择，从而揭示了殉情的真正原因。

词的下阕借助对自然景物的描绘，衬托大雁殉情后的凄苦，"横汾路，寂寞当年箫鼓，荒烟依旧平楚"这三句写葬雁的地方。"雁丘"所在之处，汉代帝王曾来巡游，当时是箫鼓喧天，棹歌四起，山鸣谷应，何等热闹。而现今却是四处冷烟衰草，一派萧条冷落景象。"招魂楚些何嗟及，山鬼暗啼风雨"二句意为雁死不能复生，山鬼枉自哀啼。这里作者把写景同抒情融为一体,用凄凉的景物衬托雁的悲苦生活,表达词人对殉情大雁的哀悼与惋惜。"天也妒,未信与,莺儿燕子俱黄土"写雁的殉情将使它不像莺、燕那样死葬黄土,不为人知,它的声名会惹起上天的忌妒。这是作者对殉情大雁的礼赞。"千秋万古,为留待骚人,狂歌痛饮,来访雁丘处"四句,写雁丘将永远受到词人的凭吊。

这首词名为咏物,实在抒情。作者运用比喻、拟人等艺术手法,对大雁殉情而死的故事,展开了深入细致的描绘,再加以悲剧气氛的环境描写的烘托,塑造了忠于爱情、生死相许的大雁的艺术形象,谱写了一曲爱情悲歌。全词情节并不复杂,行文却跌宕多变。围绕着开头的两句发问,层层深入地描绘铺叙,有大雁生前的欢乐,也有死后的凄苦,有对往事的追忆,也有对未来的展望,前后照应,具有很高的艺术价值。

清代许昂霄《词综偶评》云:"《迈陂塘》元好问遗山二阕,绵至之思,一往而深,读之令人低回欲绝。同时诸公和章,皆不能及。前云'天也妒',此云'天已许',真所谓'天若有情天亦老'矣。"吴梅《辽金元文学史》中谈及此词,认为其:"一往情深,含有无限悲感者也。"如果说"问世间、情为何物,直教生死相许"道出的是水边那一对大雁的痴情,那么,元好问的《摸鱼儿·双蕖怨》则讲述了水边那一双小儿女的痴情:

泰和中,大名民家小儿女,有以私情不如意赴水者,官为踪迹之,无见也。其后踏藕者得二尸水中,衣服仍可验,其事乃白。是岁此陂荷花开,无不并蒂者。沁水梁国用,时为录事判官,为李用章内翰言如此。

问莲根,有丝多少,莲心知为谁苦?双花脉脉妖相向,只是旧家儿女。天已许。甚不教、白头生死鸳鸯浦?夕阳无语。算谢客烟中,湘妃江上,未是断肠处。

香奁梦,好在灵芝瑞露。人间俯仰今古。海枯石烂情缘在,幽恨不埋黄土。相思树,流年度,无端又被西风误。兰舟少住。怕载酒重来,红衣半落,狼藉卧风雨。

【译文】

泰和年间,大名府民间有对男女青年因痴情相爱却不能如意地在一起而双双投水自杀,官府搜寻他们的踪迹却不能找到。之后,种藕的人在水塘中找到两具尸体,衣物可辨,此事才真相大白。这一年,这个水塘中的荷花盛开,而且株株皆开并蒂莲。沁水的梁国用当时担任的录事判官,向内翰李用章这样叙述。

问莲花的根,有多少根须?莲心是苦的又为谁而苦?并蒂莲的花为什么含情脉脉娇嫩地相互对望,怕是大名府那两个相爱的青年男女的化身,天公这样的不公平:为什么不教相爱的人白头偕老,却让他们死于鸳鸯偶居的水塘中;夕阳西下悄然无声。看来谢灵运经常游览的烟雾霭霭的名山胜水,潇湘妃子殉情的湘江楚水,都不是这对儿女的断肠处。

这对恋人相亲相爱,本可以在灵芝仙草与吉祥晨露中,幸福生活、长生不老。他们的感情即使"海枯石烂"情缘仍然长存,但被迫死去的幽恨是黄土无法掩埋的。被害死去的韩凭夫妇所化的相思树,随着时光的流逝,又无缘无故地被秋风所摧残。精美的小船稍稍停一停,让我再看看并蒂莲,怕将来我载酒重来时,它们已红瓣飘零,散乱地卧于风雨中了。

这两首词就是张炎在《词源》中说的可以媲美周邦彦、秦观的词。这是两首情词,热烈歌颂忠贞的爱情。从他自己的小序中看,前一首是他十六岁时遇到的一件事,先写了《雁丘词》,后来经过修改,才成为我们看到的这首词。中国自古以来,把大雁看成是一种有情有义的生物,在《水浒传》的"双林渡燕青射雁"回目中,宋江见燕青射雁,发了一大通议论,说道此禽仁、义、礼、智、信五常具备:空中遥见死雁,尽有哀鸣之意,失伴孤雁,并无侵犯,此为仁也;一失雌雄,死而不配,此为义也;依次而飞,不越前后,此为礼也;预避鹰雕,衔芦过关,此为智也;秋南冬北,不越而来,此为信也。此禽五常足备之物,岂忍害之!遗山在这首词里写的大雁不只是"一失雌雄,死而不配",而是殉情而死。上篇写大雁迁徙,历尽万水千山,生死相伴。下篇写重访雁丘时的一路见闻,并对死去的大雁沉痛悼念。这首词是以物喻人,而后一首写了一个爱情悲剧,描述一对民间小儿女用生命来捍卫爱情自由,反对封建婚姻。作者对此寄予无限同情与深切哀悼。词中采用描写情态、抒发感慨、发表议论、运用典故等多种手法,使描述、咏物、抒情、议论融为一体,为天地间的至情至爱谱写了一曲动人心弦的赞歌,感人至深。正如现代词人夏承焘《金元明清词选》:"纯是议论,词中别体。悲雁即所以悲人。通过雁之同死,为天下痴儿女一哭。'宁同万死碎绮翼,不忍云间两分张'就是本篇的主旨。可与其另一首同调之作《咏并蒂莲》对参。是对坚贞的爱情的颂歌。寓意深刻、所感甚大,不仅是工于用事和炼句而已。"两首词,无疑唱出最凄美缠绵的水边爱情故事,思想感情是历久不衰,甚至是"老而弥笃"的。

"我住长江头,君住长江尾,日日思君不见君,共饮一江水。"一对有情人遥遥分居江头江尾,通过水流的悠悠无限固守着那一份浪漫的相思之苦。这与"迢迢牵牛星,皎皎河汉女"有着异曲同工之妙。谁说咱中国人不懂浪漫?每年的七月初七,牛郎织女就是通过鹊桥在银河上互诉衷情,其奇妙的浪漫想象恐怕连欧美人也自叹弗如。

"高山青,涧水蓝。阿里山的姑娘美如水呀,阿里山的少年壮如山……姑娘和那少年永不分呀,碧水常绕着那青山转"。台湾这首民歌将涧水比作女子,高山当作男子,碧水常绕青山流,象征男女结合永远相守,极为贴切自然,一时流行东南亚。

把水比作女子的化身,最著名的是文学名著《红楼梦》中的贾宝玉,"女儿是水做的骨肉,男人是泥做的骨肉;我看见女儿就清爽,见了男子便觉浊臭逼人"。女人既然是水做的,动不动爱流泪便自然成了女人"柔情似水"的专利了。在整部《红楼梦》里,流泪最多的非林黛玉莫属,泪水可以说成了她的标志——想梦中能有多少泪珠儿,怎禁得秋流到冬,春流到夏?

总而言之,女人是水做的,简直是一个天才的比喻。而且,太多有关女子的传说,总少不了一湾清幽纯净的水来孕育。

西子湖畔的苏小小,她的故事与波光潋滟的湖泽长相依傍;秉性刚烈的杜十娘,就是在苏州河上纵身一跳,选择了她出淤泥而不染的最后归途;痴情善良的白娘子,原是西湖底修炼千年的白蛇;童话故事《海的女儿》里聪明美丽的小人鱼,是生长在大海深处的精灵……

"问世间情为何物,直教人生死相许"。这一个个凄美的故事,即使是在不解风情的年代里读起来,仍是禁不住泪涌双眸。那般深切的情意和善良的心肠,是足以和水的无休无止、无边无际相比拟的。

我想,所有关于水与女子的传说,她们之间的渊源和缘分,应该始于天地初开、万物初生之际,也始于她们所共有的温顺、柔韧、清澈、晶莹。越是美好的女子,越应该与水相提并论,越是与水有着不解之缘。女子永远和水一样,一路走来一路唱,从三千年的诗篇中,从历史的烟尘中婉转走来,回环往复,温婉多情……

流水意象的一个亚原型是"覆水不收"。约于战国末年定稿的《鹖冠子》载:"太公既封齐侯,前妻再拜求合,公取盆水覆之,令收之,惟得少泥,公曰:'谁言离更合,覆水定难收。'"《后汉书·何进传》也有类似语。意象与母题的互可转化性于此可见。李白《妾薄命》《白头吟》均以此状君情妾意难再重圆,元人移植到朱买臣身上是顺理成章的。沙正卿(越调)《斗鹌鹑·闺情》叹惋:"休休!方信道相思是歹征候,害的来不明不久,是做的沾粘,到如今泼水难收";明人小说则称:"尔女已是覆水难收,何不宛转成就了他"。情爱与女性青春的失落,往往泛化为整个人生的悲慨:"悠悠岁月如流,叹水覆,杳难收。"显示了意象系统的内在沟通整合。《楚辞·九歌》写湘夫人、湘君远望相思,观流水而横流涕,神人之语实诉人世界儿女情肠。汉武帝《李夫人赋》云:"思若流波,怛兮在心",此意愈明。钱钟书《管锥编》精辟指出:"徐干《室思》'思君如流水,何有穷已时',……六朝以还,寖成套语"这种"现成思路"说明,特定意象汇聚着文人阶层对山水自然美的体察,不断为主体情赏意属,广为认同。鲍照《登大雷岸与妹书》:"西则回江永指,长波天合,滔滔何穷,漫漫安竭!创古迄今,舳舻相接。思尽波涛,悲满潭壑。"《管锥编》评后八句曰:"'波涛'取其流动,适契连绵起伏之'思',……然波涛无极,言'尽'而实谓'思'亦'不尽'。"也是以空间之绵远昭示时间之久长。

三、君问归期未有期——水与亲情、友情

除了爱情的悲欢离合,水流还寄寓了亲人、友人之离合。古人曾体会出南北方流水有疾徐清浊之别,《管子·水地》说"楚之水淖弱而清",当非虚语;而作为北朝文学最具代表性的流水意象,"陇头流水"则特指征夫怀乡的焦灼情苦:

登坡东望秦川,四五百里,极目泯然。墟宇桑梓,与云霞一色。其上有悬溜吐于山中,汇为澄潭,名曰万石潭。流溢散下,皆注于渭。山东人行役,升此而顾瞻者,莫不悲思。……俗歌云:陇头流水,鸣声呜咽。遥望秦川,肝肠断绝。

目眺耳闻,特定风物的感召形成了条件反射,令断肠人益增愁思。《乐府诗集》卷二一载梁元帝以降赋陇水诗多首,如张正见"羌笛含流咽,胡笳杂水悲",江总"人将蓬共转,水与啼俱咽",王建"征人塞耳马不行,未到陇头闻水声"等,这些流水意象,渐渐内化为诗人心中之景,于是就有了所谓"陇头水,千古不堪闻"之说。

"君问归期未有期,巴山夜雨涨秋池。何当共剪西窗烛,却话巴山夜雨时。"李商隐这首诗所表达的情愫可亲情、可友情、可爱情,是一种深切真挚的普遍情感。

"故人西辞黄鹤楼,烟花三月下扬州。孤帆远影碧空尽,唯见长江天际流。"李白一生浪迹天涯,对于水有自己独特的感受,往往取江水之悠长,象征友情之持久;取溪水之曲折,象征友情之跌宕;取潭水之深碧,象征友情之厚笃。

"桃花潭水深千尺,不及汪伦送我情"李白与汪伦不辞而别,欲乘舟将行,忽见汪伦带了一大帮村民手拉着手,踩着步点,踏着节奏,来给李白送行。这突然降临的场景,令李白感激不已。自己仕途坎坷,年过半百还在四处流浪,这淳厚的友谊,对于自己,是多么宝贵啊!漂泊并不可怕,流浪并不可怕,可怕的是没有这人世的温暖、没有这苦难生命中唯一的依托。潭水再深,不及友情深。这是潭水所能表达的最高主题。

第三章 水与中国文学

《黄鹤楼送孟浩然之广陵》意象画

　　唐人重友情，离别契阔中的"相思"多表友情而非恋情，流水在离别主题中承担了重要角色。李白《金陵酒肆留别》"请君试问东流水，别意与之谁短长"；韩愈《河之水二首寄子侄老成》"河之水，去悠悠。我不如，水东流"。白居易《长相思》也将"汴水流，泗水流"同"思悠悠，恨悠悠"对举。流水又是最早由诗入词的意象之一。如孙光宪《浣溪沙》"思随流水去茫茫"，而此前沈宇《乐世词》已有"送君肠断秋江水，一去东流何时归"。宋代以流水喻别情的词作更绵延不衰，连欧阳修、寇准这样的高官显达也不例外。前者如《踏莎行》的"离愁渐远渐无穷，迢迢不断如春水"；后者如《夜度娘》的"日暮汀洲一望时，柔情不断如春水"。海外学人曾指出：

　　"临水送别"这母题最早可能是楚辞中的"登山临水送将归"和"超北梁兮永辞，送美人兮南浦"。汉至六朝的别诗多以临水送别为旨……（所以李白《送友人》中此类句子的写作）是要借着这些声音的同时，呈现受诗者的意识（受诗者是李白的友人，必然也是一个熟识这些诗的诗人），和他同时跃入古代这些空间，在其中各个独例的"别情"里，来诉说他们之间仿佛总合前人的别情。❶

　　文学史的整体性正体现在这种意象母题的交汇中。流水意象有机地融入送别主题，是以其淳厚的人伦情味、生命意蕴等交相辉映为前提的。"临水送别"之所以能构成富有特定寓意与伤感的母题，正得力于流水意象系统的象征意趣。水一方面象征着母亲般爱护和哺育后代的能力，一方面却也是人短暂生命的一个隐喻。人的命运和水始终是连在一起的，古人正是凭借着文学虚构和想象的方式，将水这一古老的意象和人自身的命运感

　　❶　叶维廉. 中国诗学［M］. 上海：三联书店，1992：71.

觉、生活体验凝聚在了一起。文人墨客们或是借水抒发漂泊无依的孤寂感；或是用水歌颂真挚纯洁的爱情；或是拿水书写绵绵无尽的满腔愁怨；或是通过水生发出青春年华即将远逝的悲叹；或是把自己心中的理想人格寄托在水中；或是在风水占星中力求能够得水为上。中华文化的博大精深和包罗万象的气魄，都能够依凭着水一点一滴地呈现出来。水是哺育华夏文明的乳汁，又是使得华夏文明得以延续的推动力，更是华夏民族生命繁衍中不可或缺的一部分。

第二节　水与文学之叙事

一、古典叙事文学中水环境的叙事作用

"蒹葭苍苍，白露为霜；所谓伊人，在水一方"。千古绝唱《蒹葭》营造的那一幅秋水蒹葭、伊人道殊、可望而不可即的萧瑟失意景象，其意境之深邃、意绪之微茫，在诗三百首中是绝无仅有的。千百年来，"秋水伊人"作为《诗经》乃至古代所有抒情诗中的至高境界，已成为中国文人对美好事物执着追求而不得的一种人文象征，对后世抒情诗的影响是源远流长的。最典型的是台湾作家琼瑶的言情小说《在水一方》，就直接取材于此。

刘禹锡《竹枝词》云："杨柳青青江水平，闻郎江上踏歌声，东边日出西边雨，道是无晴却有晴。"营造了男女默默谈情的江畔，"风萧萧兮易水寒"则衬托出了义士荆轲赴死时的那种悲凉之境。水环境的营造成了中国古代文中衬托人与世界的一种典型手法。八仙过海、白蛇传、柳毅传书、一碗水、沧海桑田等传奇故事，都有水的影子在里面。

不光是古代的诗词歌赋中频频出现与水有关的意象，古代小说中更是离不开水。代表着古代小说最高峰的四大名著，无一不是提到了水，无一不是将水置于整个小说的情节发展和叙事脉络中。水这种文化符号能够在类型和风格都迥然不同的四部著名小说中不约而同地出现，足见水在民族文化思维中的重要性。水环境是先人们生活环境的一个重要组成部分，所以水环境和文学发生关系就成了自然而然的事情。自然波动之水环境，或为缠绵的爱情意境；水之浩瀚深邃，或为人物之慷慨悲凉，或为情节之跌宕起伏。

对于神魔小说的杰作《西游记》，我们先不论这本书中提到了多少与水有关的人名和地名，只是单论唐僧的身世就已经够耐人寻味的了。唐僧因为在刚出生的时候由于种种原因被放入容器中顺流而下，因此其俗名又叫"江流儿"。

水这种文化原型赋予了唐僧不寻常的人生经历，也为他后来担当西天取经的大任埋下了伏笔。水就像哺育"江流儿"的母亲，进入了水有如进入了母亲的怀抱。同样，西方文化中也有类似的传说，《圣经·旧约·出埃及记》中关于摩西身世的记载和《西游记》中对"江流儿"的描写有着异曲同工之妙，"三个月后，孩子再也藏不住了。在别无选择的情况下，摩西的父母决定采取行动。约基别把婴孩放进一个用纸莎草做的箱子里，让箱子浮在尼罗河上。约基别没料到她如此一放，竟把自己的儿子放到影响历史发展的长河里"。

英雄传奇小说《水浒传》就更不用说了，仅仅是小说的题目就能够显示出水的地位来。绿林好汉虽说是要上梁山聚义，但是却离不开水的环抱。这和前面说的山水诗文的妙处是暗暗相合的。没有水的山只能是死气沉沉、缺乏活性的山，同样，没有山的水也是

没有韧性和生命的一潭死水，只有山和水有机地整合在一起，梁山好汉们才能继续进行"劫富济贫""替天行道"的侠义行为，小说的匠心独运在此可见一斑。

四大名著各自属于不同类型的小说范畴，它们各自代表着古代小说中某一类小说发展和演变的成熟形态，而且它们互相之间也是有各自不同的内在特征。但是，不论是作为创作和修辞的手法，还是作为小说无尽韵味的象征物，水在这些小说中都是一以贯之地以或隐或现的方式存在着。

《三国演义》中草船借箭、单刀赴会、赤壁之战、黄鹤楼等一个个以水为背景的现实世界环境，而这些环境或为推动情节发展，或为人物塑造，或为环境衬托，都具有独特意蕴。而与水相关的环境作为故事展开的情节，在元明以来的戏曲作品中亦有许多，如明代戏曲作品《草庐记·姜维救驾》：

【真薄幸】(周上)幸喜升平，吾邦宁静，论奇谋韬略贯群英，世上人难并。

大将英雄播远方，心存谋略报明王。吴国擎天碧玉柱，江东跨海紫金梁。下官姓周名瑜，字公瑾，官拜东吴都督大元帅，自从刘备脱走，是吾心腹大患。不能祛除，吾今用计谋，他未审。天意若何？叫军校。(卒)有。(周)你与我四面埋下伏兵去金钟为号，金钟一响，令箭发行。伏兵四起，擒住刘备，重重有赏。小心在意，不可有违。玄德公下马即须通报。(卒)得令。

【西地锦】(刘上)昨蒙邀我上高楼，未审有何由。

自家玄德公是也，蒙周元帅请我来赴会，来此便是，门上通报。(卒报介)(周相见)远逼风霜侵战报。(刘)仓忙趋进敢辞劳。(周)聊具一觞重再贺。(刘)恩深何日报琼瑶。(周)玄德公他日为何去之太速？(刘)荒寨无人去之速也，望元帅恕罪。(周)何罪之有？往事休再题。下官今日设一宴在黄鹤楼上，请玄德公到此一会，幸蒙不弃，下官万幸。(刘)蒙元帅雅意，刘备不避斧诛，特来造领。(周)叫军校开楼门，玄德公请行。(上楼介)(周)玄德公，此楼造得如何？(刘)果然造得好。(周)不瞒玄德公说，此楼东接吴越，西通巴蜀，南指大海，北接沔阳四大郡八十一州县，乃物丰土厚，地灵人杰之所。观远水与遥山接，观苍烟而云雾霭，白日间观之不足，到晚来玩之有余，请玄德公留下佳作。(刘)元帅请。(周)下官僭了。山水崎岖接大川，脉通衢港尽依然。红泥泛水开还合，翠盖擎珠簇宝圆。日影倒悬沾酒旌，柳阴斜览钓鱼船。夜凉秋色沉沉然，一派星河上下天。(刘)好佳作。(周)玄德公，请留下佳作。(刘)一座高楼映市尘，玉栏十二锁秋烟。卷帘先得天边月，举目遥观物外天。美腮氤氲斟琥珀，三山驾鹤降凡尘。持杯倒吸长歌罢，醉卧身躯北斗边。(周)好佳作。好一个醉卧身躯北斗边。(刘)不敢。(周)好便好，你怎么到得那北斗边？玄德公，请更衣。(刘)元帅请。(周)少陪了。(刘更衣)(周)军校，军中有能干事的小军唤一个来听用。(内应)(丑上)小军，两脚不停。如临深渊，如履薄冰。叫我干事干得绝精，饮酒食肉是我头名，小军扣头。(周)你在军中能干些什么事来？(丑)会吃肉，会吃饭，会饮酒，会赌会嫖。(周)咄，谁问你来？(丑)会认人。(周)认得几个人？(丑)三国中人都认得。(周)你既会认人，适才那楼上的是谁？(丑)待我看来。(望介)这是老刘的儿子叫做小刘儿。(周)果然认得人，你叫什么名字？(丑)叫做不长俊。(周)怎么叫这样的名字。(丑)父母取的。(周)我与你改了，既会认人，改作俊俏眼吧。(丑)谢元帅。(周)俊俏眼，我与你令箭一支，把定楼门。但有令箭相同，放他下楼。

如无令箭，就是那饮酒的小刘儿也不许放他下楼。小心在意。（丑）得令，俊俏眼把楼门，放上不放下，比箭相同，好个认得人的俊俏眼。（周）玄德公，下官平日不爱饮这哑酒。请玄德公行一令。（刘）元帅请。（周）自古道主人置酒客置令。玄德公请，（刘）还是元帅请。（周）下官僭了。也不要行令，只说今古英雄是谁？说得是者，饮热酒一杯，说得不是者，罚凉水一巨觚。叶军校，军中取凉水一桶，巨觚一双，热酒一壶伺候。（卒）得令。（周）玄德公，今古英雄好汉是谁？（刘）楚霸王是英雄好汉。（周）那楚霸王怎么就是英雄好汉？（刘）楚霸王有举鼎拔山之力，喑呜叱咤之声，岂非英雄好汉而何？（周）那是楚霸王虽有举鼎拔山之力，喑呜叱咤之声，岂非英雄而何？（周）那楚霸王虽有举鼎拔山之力，喑呜叱咤之声，后被韩信七十二阵追至乌江自刎而亡，此等之辈，敢当英雄二字？你听者，争帝图王势已倾，八千兵散楚歌声。乌江非是无船渡，耻向东吴再起兵。说差了，罚水，某家饮酒。（各饮介）（周）玄德公，古者休言，如今三国中英雄好汉是谁？（刘）三国中，曹操是英雄好汉。（周）那曹操他怎么是英雄好汉？（刘）那曹操他左有张辽，右有许褚，挟天子而令诸侯，岂非英雄而何？（周）那曹操虽左有张辽，右有许褚，挟天子而令诸侯，岂非英雄而何？他却是饮三杯醇酒而醉，夜卧圆枕而眠，此等之辈，敢当英雄二字？你听者，曹操兵多势猖狂，挟令天子把名扬。华容小道私奔走，不敢兴兵出许昌。说差了，某家饮酒。（各饮介）（周）休言三国之中，见今黄鹤楼上英雄好汉是谁？（刘）黄鹤楼上我刘备是英雄好汉。（周）刘备，你怎么是英雄好汉？（刘）我左有云长，右有翼德，谋事有诸葛，况是汉室宗枝，岂非英雄而何？（周）你道左有云长，右有翼德，谋事有诸葛，又道是汉室宗枝，你却曾织席编履，此等之辈，敢当英雄二字？你听者，欲要重兴汉室，诸葛心生巧计。若无翼德云长，哪晓孤穷刘备？说差了，饮水，某家饮酒。（各饮介）（周起介）自古道酒令严如军令，叵耐刘备这厮三回两次抗拒吾令。咱男子怕事，损弓折箭为号，抛于大江，刘备就是插翅鸟飞不过汉阳江去？（回介）玄德公，再英雄好汉是谁？（刘起介）叵耐周瑜这厮，三回两次要我道他是英雄好汉，罢，罢，在他矮檐下，怎敢不低头？（回介）元帅是英雄好汉？（周）是哪一个元帅？（刘）是周元帅。（周）我是英雄好汉？（笑介）玄德公，当时曹操起水军八十三万在三江赤壁之下，与我交战，是我周郎用计，八十三万人马烧死八九，曹操几乎被我生擒。岂不是英雄好汉？你听者，咱的英雄胜孔明，三江夏口显才能。当时不用周郎计，谁破曹瞒百万兵？说便说的是，只是说迟了，也该罚水。（刘饮介）（周）玄德公，咱有短歌一首，你听者，霸王英雄兮自刎乌江，曹操英雄兮不敢出许昌，刘备英雄兮自赖诸葛与关张，赤壁尘兵兮好一个美哉周郎。（刘）果然好一个美哉周郎。（周背云）差了，今日是我请他饮酒，怎么自夸其能道美哉二字，忒过僭了。（见介）玄德公，酒席上再不许道美哉二字。（刘）如道美哉二字者如何？（周）罚凉酒一巨瓯。（刘）遵令了。（周）再不许道美哉二字。（刘）元帅又犯令。（周）我周瑜也是英雄好汉，到被美哉二字误了。（刘）元帅又犯令，（周）饮酒干。

　　（姜维上）渔翁钓罢江儿水，虞美人行步步娇。七弟兄来沽美酒，醉扶归去月儿高。自家姜维的是也。奉军师的将令，着俺扮作渔翁，鱼竿内藏着一支令箭，手上写着言多必

第三章 水与中国文学

---

❶ 疑为误，当为"陈"。

□❶，酒醉必逃，往黄鹤楼上救俺主公。须索走一遭也呵，你看好一派光景也。

【一枝花】趁着满江烟水澄，一带遥山秀，他那里西风餐着晚，俺呵也罢钓，系了扁舟，乐以忘忧。

【小梁州】每日间无是非无傀愁，受用的是那活鱼那糯酒，做伴的是蓑笠共着纶竿，适闷时在烟霞渡口，做不得姜子牙垂钓在渭水，待学陶朱公远□❷，只落得五湖游。

【脱布衫】忽闻得樵子相穷究，驾的是轻舟短棹，觑的是青山隐隐，恋的是绿水悠悠，隐行藏绿暗汀洲，趁长江一派东流，受用的活泼泼青鲫和红虾，细切的香喷喷紫芹和白藕，玩的是影辉辉碧汉银钩，近眼来只落得，觑那黄鹤楼一似那鸿门会酒，觑着那周公瑾枉生受，只待要救出鲸鳌在沧海中游，博得个万古名留。

来此已是黄鹤楼边，不免缆住船儿上岸去，你看黄鹤楼边摆的酒好齐整也。

【牧羊关】只见那密匝匝军兵屯前后，明晃晃枪刀列着左右，这期间黄鹤楼上饮与绸缪，主公也呵，只不过执盖擎壶，趋前哪里去顾后？（周）三杯和万事。（姜）哪里三杯和了万事。（刘）一醉解千愁。（姜）又道是一醉呵，兀的解了千愁。姜维呵，闷似湘江水涓涓不断流。

你看那黄鹤楼边一位将军手拿着一支令箭，紧紧把定楼门。

【四块玉】我不往他楼外行，竟将他楼门扣。（丑）是哪一个？（姜）只见他欢喜问咱一个情由。（丑）我有些认得你。（姜）是，我也认得将军。（丑）待我想一想看。（想介）你是江边白胡子那老王的儿子，叫做小王儿。你的娘与我契交。那时节你还小，如今这等长成出了胡须了。（姜）将军，正是。我和你旧日交，又不是今日友。（丑）我问你，你如今带了一尾鱼，到此何干？（姜）我在江边补得一尾金色鲤鱼，闻知元帅在此饮宴，一来献芹，二来切鲙。烦老兄与我通报一声，元帅若有赏赐，送与将军买酒吃。（丑）我与你去禀上元帅，元帅若有赏赐，与我买酒吃，我与你去禀，不要哄我。（姜）若有赏赐都送与将军。（丑）俊俏眼启事。（周）启什么事？（丑）楼下一个渔翁在江下捕得一尾金色鲤鱼，闻知元帅在此饮宴，一来献芹，二来切鲙。（周）你认得他么？（丑）认得。（周）既认得他可搜他身。搜一搜，不许带寸铁上楼。（丑）得令。（见介）老哥，去便去，要搜一搜，不许带寸铁上楼，有赏与我买酒。（混介）俊俏眼带渔翁口头。（周起去）（姜）渔翁扣头。（周）渔翁，这鱼是哪里来的？

【乌夜啼】（姜）这鱼他在那碧澄澄波中走。（周）你住在哪里？（姜）小人在古渡滩头。（周）这鱼是网打的，是钓来的？（姜）我刚下钓，他又早来吞钩。（周）为那一件？（姜）为香饵不识俺机关透。（周）妙手。（姜）全凭咱一双妙手。（周）你爱他些什么？（姜）我爱他锦鳞浮金色。（周）还爱他些什么？（姜）又爱他稍尾顺着波流。（周）是活的，是死的？（姜）刚钓出桃花浪又被我活泼泼穿在金线柳。

（周）玄德公，这渔翁拿一尾金色鲤鱼在此献芹，我和你题上几句？（刘）元帅请。（周）下官僭了。鱼，你本是碧波中游戏，全不提防撒网垂钓，失计吞钩落在渔翁之手，难回原浪自损残生。未枫子建先遇杨修，你若识势伏低，教你活泼泼跳龙门而去。你若自逞

---

❶ 原版本该字无法辨认，根据上下文推测或为"失"。

❷ 原版本该字无法辨认，根据上下文推测或为"遁"。

强能,将你肝肠铡得粉碎。玄德公请。(刘)刘备草腹茱肠,不能作诗。(周)说便说,调什么花舌儿。(刘)锦鳞大海赴江淮,却被渔翁巧计钓将来。鳌鱼脱了金钩钩,摆尾摇头再不回。(周提剑介)刘备莫猜虑莫猜,钢刀下去碎分开,饶你锦鳞归大海。难逃天罗地网灾。(刘)酒席上擒人,非大丈夫所为也。(周)方才提剑在手,正欲砍这大耳贼。只说我周瑜无能,置酒黄鹤楼上擒人,非大丈夫之所为也。叫那渔翁过来。(姜应介)我与你这把短刀,将那鱼去鳞绝尾。短盐加酱,承献上来。重重有赏。(应介)(周)渔翁,你将饮酒那厮这般所为,重重赏你。(应介)玄德公,适才戏耳,看热酒来。(姜)你看周瑜这厮好狠也。我主公全不晓得,不免将这尾鱼说上几句,打动他便了。

【骂玉郎】鱼你却死也呵。情愿把钢刀来受,这期间叫我怎罢罢手。一只手提着短刀,一只手把那腮来扣。(周)渔翁,快下手。(姜)他叫俺急急忙忙下下手,我若是从情命依令依谋,不争你个锦鳞鱼,可便一命休休。(刘)渔翁,这鱼是哪里来的?

【乌夜啼】(姜)这鱼他在波心中争斗。(刘)你是哪里人氏?(姜)小人在三江夏口。(刘)三江夏口是我该管的地方了。(姜)这鱼呵,不若似赴黄鹤楼的刘皇叔。(刘)这渔翁怎么晓接头起来?(刘)呀,原来是姜维。(姜)主公也呵,你趁早回头,莫恋着这楼。(刘)军师有书没有?(姜)他那里有一封书,分破了帝王忧。(举介)一封书分破了帝王(咳)忧。(刘)言多必□❶,酒醉必逃,快洗吊了。(姜)只这两句话,解开了眉尖皱,恐失计,休教留久。周瑜,空排着剑戟,枉列着戈矛。

快下楼去。(刘行介)(丑)哪里去?(刘)下楼去。(丑)有令箭相同,放你下楼去。(刘)宴罢要什么令箭?(丑)没有令箭寻一寻儿。(刘寻介)姜维,那把楼门的要令箭,怎么好?(姜)好军师,鱼竿内兀的不是令箭?(刘)令箭在此。(丑)待我比一比看。(看介)去去去。(刘出介)周瑜好狠也,刘备好险也。军师好计也。姜维好胆也。言多必□❶岂为良,酒醉必逃返故乡。(周瑜醒来寻刘备)片时飞过汉阳江。(下)(姜)主公去了多时,不免也下楼去。(下楼介)(丑)老哥可有赏么?(姜)元帅道今日醉了与我这把短刀,交我明日来讨赏。刀放在你这里。(丑)请了。(姜)我哪里是什么渔翁,乃姜维是也。

【尾声】轻舒开两只拿云手,拂拭胸中万斛愁。只看那密匝匝军兵屯前后。周瑜,只教你一事无成笑破了多人口。

(周)玄德公,请酒。(丑)黄鼠猫儿跕去了。(周)刘备哪里去了?(丑)下楼去了。(周)没有令箭,谁教你放他下楼?(丑)没有令箭,只有一只。(周)建安五年大元帅周造。呀,这是我与那村夫定风的箭,又中那村夫之计了。可追得上么?(丑)还追得上。(周)吩咐水面上摆列战船,追刘备走一遭。

饶他走上焰摩天,脚下腾云须赶上。❷

《草庐记》主要讲述了刘备自徐庶走后,三顾茅庐,请得诸葛亮为军师。不久,曹操破荆州,刘备避居夏口,并派诸葛亮出使东吴。诸葛亮到东吴后舌战群儒,说动孙、刘两家合兵共抗曹操。赤壁之战,曹操兵败,关羽在华容道放其一条生路。自曹操败归中原后,孙、刘却又刀兵相见,周瑜诱骗刘备到东吴成亲,借此困住刘备,被诸葛亮识破其计。在诸葛

❶ 原版本该字无法辨认,根据上下文推测或为"失"。
❷ 李将将,李淑清,等校注.(明)止云居士选辑《万壑清音》[M].成都:四川大学出版社,2017:39.

亮的巧妙安排下,刘备娶了孙夫人,回到荆州。后来,刘备在诸葛亮的悉心辅佐下,进据西川,于成都称帝。《姜维救驾》一折出自于该剧第四十五折,主要以长江江畔的黄鹤楼为故事发生的背景,刘备为周瑜诳骗至黄鹤楼并被囚禁,姜维在军师诸葛亮的指引下,顺利带刘备脱逃,现代戏曲中仍然有《芦花荡》等故事讲述这一段情节。黄鹤楼边长江的美景,无疑是这个故事发生的地点,"满江烟水澄,一带遥山秀"的山水环境无疑为整部作品情节的推动与发展提供了重要的环境衬托。

二、现代文学中的水环境与叙事

不仅仅在古典文学,在现代文学中,知识分子对水的描述和思索仍在继续着,而且呈现出了新的文化向度。五四新文化运动虽然在理论上有对传统文化的排斥和打压,但是如果深入到每一位作家的实际创作中,大家便会发现,传统文化的根底在他们的字里行间都能够时时流露出来,而且焕发着新的生命力。这正如刚出生的幼婴虽然连接母体的脐带被截断,但是他追随母体的心是永远不会被隔断的。

周氏二兄弟的作品中存在着大量关于水的文字,他们的家乡在浙江绍兴,天然的水文化培育了他们对水的喜爱与敏感。鲁迅有很多关于童年宝贵记忆的描写都与水有关。"这时候,我的脑里忽然闪出一幅神异的图画来:深蓝的天空中挂着一轮金黄的圆月,下面是海边的沙地,都种着一望无际的碧绿的西瓜,其间有一个十一二岁的少年,项带银圈,手捏一柄钢叉,向一匹猹尽力的刺去,那猹却将身一扭,反从他的胯下逃走了"(鲁迅《故乡》)。这是"我"对少年时期闰土的回忆,回忆刚刚伊始,环境就被定格在了"海边碧绿的沙地",因而能够与"深蓝的天空"连成一片,水天相接。

在这么唯美的环境笼罩下,我们的少年小英雄出场,上演了一幕看瓜刺猹的精彩剧情。同样是对童年的回忆,《社戏》中的水却又像是在跳着欢愉的舞蹈。"两岸的豆麦和河底的水草所发散出来的清香,夹杂在水气中扑面的吹来;月色便朦胧在这水气里。淡黑的起伏的连山,仿佛是踊跃的铁的兽脊似的,都远远地向船尾跑去了,但我却还以为船慢"(鲁迅《社戏》)。又是一次山与水的组合描写,却跃出了传统的窠臼,给水以欢快和活跃的生命激情,孩子们的心同水一样都欢快地流淌着,内心和流水一样载歌载舞,起伏的连山被孩子们不羁的心远远地甩在了后面。

熟悉鲁迅作品的人都会发现鲁迅是不经常写这些欢快明丽的景象的,阴郁、黑暗、迷茫和冷峻才是鲁迅作品最主要的色调。

然而鲁迅毕竟是有着自己对记忆中美好事物的眷恋的一面,虽然这一面在书写现实中很难露面,但却往往出现在他对于童年的回忆中,而水则成了鲁迅回忆童年的载体。我们不能否认鲁迅有些阴暗、惨淡和充满复仇精神的文章中也有水的出现,但是水起码能够让鲁迅联系到一些美好的回忆,从而为他阴暗的人生增添一抹亮色。

周作人充满涩味和简单味的小品文和鲁迅的文章是俨然不同的两种风格,不过他的文字中也涉及大量和水有关的东西。正如他在《水里的东西》一文中所说,"我是在水乡生长的,所以对于水未免有些情分。学者们说,人类曾经做过水族,小儿喜欢弄水,便是这个缘故。我的原因大约没有这样远,恐怕这只是一种习惯罢了"。

不光是水,周作人连同对和水有关的自然人文景观都有着非比寻常的观察和体悟。

比如说乌篷船，"在这种船里仿佛是在水面上坐，靠近田岸去时便和你的眼鼻接近，而且遇着风浪，或是坐得少不小心，就会船底朝天，发生危险，但是也颇有趣味，是水乡的一种特色"（周作人《乌篷船》）。再比如他故乡的饮食习惯，"在城里，每条路差不多有一条小河平行着，其结果是街道上桥很多，交通利用大小船只，民间饮食洗濯依赖河水，大家才有自用井，蓄雨水为饮料"（周作人《雨的感想》）。

再比如周作人还提到水乡的船店，"我看见过这种船店，趁过这种埠船，还是在民国以前，时间经过了六十年，可能这些都已没有了也未可知，那么我所追怀的也只是前尘梦影了吧"（周作人《水乡怀旧》）。之所以不厌其烦地去引用周作人美文中的句子，是为了说明周作人童年生活中的水，在他以后的人生经历中都成了取之不尽用之不竭的精神食粮，甚至可以说周作人的生命就是和水特别亲近的。鲁迅笔下的水更多的是停留在自足的童年的回忆中，而周作人则把水的印象拉入当下的现世人生去细细品味，水作为周作人在苦雨斋中的一道风景线，成为他自己日常生活和文学创作中不可或缺的一部分。

沈从文也自小便与水结下了不解之缘，当他以"乡下"的主体视角身份构造着他心目中的"湘西世界"的时候，水更是他笔下时时出现的亲密对象。

如果没有对水的描写，沈从文笔下那些具有自然、健康和完美性格的人物，就好似缺乏了一种灵动的生气；如果没有对水的体悟，可能他笔下的"湘西世界"也就不会显得如此美轮美奂了。

在《我的写作与水的关系》一文中，沈从文这样写道，"在我的一个自传里，我曾经提到过水给我种种的印象。檐溜、小小的河流、汪洋万顷的大海，莫不对我有过极大的帮助。我学会用小小脑子去思索一切，全亏得是水。我对于宇宙认识得深一点，也亏得是水"。由此可以看出，水在沈从文的整个生命及其创作中的分量有多么的重，即使沈从文远离了他家乡的活水，他的心中也会有一片关于水的天地，那就仿佛是他创作力不竭的源泉。"我虽离开了那条河流，我所写的故事，却多数是水边的故事。故事中我所最满意的文章，常用船上水上作为背景。我故事中人物的性格，全为我在水边船上所见到的人物性格。我文字中一点忧郁气氛，便因为被过去十五年前南方的阴雨天气影响而来。我文字的风格，假若还有些值得注意处，那只是因为我记得水上人的言语太多了。"

从作品的主题安排，到创作时的背景设置和人物勾勒，再到作品的语言风格，几乎沈从文创作过程的全部都是离不开水的。离开了水，就像古希腊神话中地母盖亚的儿子安泰离开了大地母亲一样。离开了大地母亲的安泰，等待他的命运是即将被赫拉克利特扼死在空中。同样，如果沈从文的心中没有了水，他的创作也很可能是干枯而没有生机的。

朱自清在他那篇脍炙人口的散文《匆匆》中这样写道，"我不知道他们给了我多少日子；但我的手确乎是渐渐空虚了。在默默里算着，八千多日子已经从我手中溜去；像针尖上一滴水滴在大海里，我的日子滴在时间的流里，没有声音，也没有影子。我不禁头涔涔而泪潸潸了"。

朱自清虽然知道人生的短暂逃不过时间之流的追赶，人生的一切最终都要消逝到子虚乌有的状态中，但是他的心境却没有古人那般旷达与平静，而是更带着些许现代人的紧张、寂寞与伤感，表现着另一种独特的审美活动方式。

被称为五四时期文学天才的梁遇春也在他的散文中多次写到水。"无论是风雨横

来，无论是澄江一练，始终好像惦记着一个花一般的家乡，那可说就是生平理想的结晶，蕴在心头的诗情，也就是明哲保身的最后壁垒了；可是同时还能够认清眼底的江山，把住自己的步骤，不管这个异地的人们是多么残酷，不管这个他乡的水土是多么不惯，却能够清瘦地站着，夏夏然好似狂风中的老树"（梁遇春《春雨》）。作者并没有遁入家乡的水土而一去不复返，眼下现实的流光亦是作者要努力忍受的对象，文辞中隐约透出略带一丝残弱却不失生命韧性的一种精神。

总之，现代文学中的作家们在对水的描写上相较古代文人们更为丰富多样，他们当然依旧延续着用水来象征和比兴一种生命力量和人生境界的传统，然而他们更把水看成开启回忆之门的钥匙，把水视为一幅美轮美奂的风俗画，把水与自我当下的日常生活联系在一起。青春期的伤感和悸动，对年华易逝的莫名哀叹，找不到出路的孤寂与愤懑，冲破旧世界的呼喊与徘徊，都伴着水波律动的节奏一股股地在作家们笔下流泻出来。

水就这样融入了历史上不同时期的文人们的生命和创作中。水文化在文学中的呈现并不是说在现代文学以后就已经夏然而止，在当代文学中更焕发出其夺目的生机来。张承志的《北方的河》、王安忆的《黄河故道人》《流水十三章》、迟子建的《额尔古纳河右岸》《清水洗尘》、李杭育的《流浪的土地》、残雪的《黄泥街》《污水上的肥皂泡》、余华的《河边的错误》、格非的《迷舟》《山河入梦》、莫言的《酒国》等作品都在不同层面上与水文化发生着或隐或显的关系。

第三节　水与哲理的阐发

一、水与人生气概

纯洁的流水更是一种人格的象征。刘禹锡《陋室铭》、周敦颐《爱莲说》中的水都往往化为主人高洁的人格象征。这种思想则起源于《沧浪歌》，"沧浪之水清兮，可以濯我缨，沧浪之水浊兮，可以濯我足"，水流的这一特性为古往今来的文人所重视，其化为文人高尚纯洁人格的写照。同样，带着浓厚的社会人情小说色调的古典文学巨著《红楼梦》也是与水脱不开干系的。大观园的世界是女子的世界，"女人是水做的骨肉，男人是泥做的骨肉，我见了女儿便清爽，见了男子便觉浊臭。"因为贾宝玉是男性，他才更能够成为女子的代言人。曹雪芹将女性的世界和水的世界在无形中勾连在了一起，从而更为小说增添了神韵，增添了一种空明的美感。现当代文学中，写河而树一帜的，当推当代作家张承志1984年发表的小说《北方的河》。作品中青年主人公的生活追求始终与北方的几条大河联系着。这些河流在他心目中都是具备情感、意志、品德、情操的，成为哺育他、鼓舞他、启发他、令他向往和追求的生命精神的载体。额尔齐斯河宽阔、大度，洗涤了青年的狭隘毛躁。湟水自然平和的浊流之中让人感受到了民族、人生、历史的凝重、苦涩。永定河貌不惊人，但自有深沉的坚忍的力量，激励青年人走向沉静、含蓄、宽容。黄河，这条中国北方最伟大的河，是主人公心目中雄伟的"精神父亲"。我们通常把黄河说成是中华民族的母亲河，张承志也许觉得这个比喻突出了黄河的宽厚可亲却没有显示出威力和刚健，因此他有意把黄河"雄化"，描绘成"父亲"的特征——倔强刚烈，热情澎湃。在主人公的眼中，河床里流动的不是滚滚黄水,而是一川燃烧的烈火,赤铜色的浪头化作激动的火焰,在山谷里蒸腾着通红的浓彩。这样性格的河流,早已不是科学意义上的黄河,它已成为时代精神、民族精神的化身。黑龙江经历了漫长的冰冻,而一旦醒来就有排山倒海之势,冲开坚硬的冰甲,开始庄严的起程。谁都看得出,这条河流表现的其实正是改革开放时期中华民族的精神。小说令读者感动的不是地理学意义上的某个地方的某段河水,而是充盈于民族历史、现实生活、社会心灵中的"河魄"。"北方的河"的情感、意志、精神、性格、魄力和魅力都是指向整个民族、时代、社会人生的,尤其是指向当代青年的。可以说,《北方的河》是作家借河而抒发的最具时代精神的感慨。

正是由于水流可以洗去污质,在一些文人的笔下水流则具有了某种神圣性。如美国作家梭罗《神的一滴》:

瓦尔登湖美景

湖是自然风景中最美、最有表情的姿容。它是大地的眼睛,望着它的人可以测出自己天性的深浅。湖边的树木宛若睫毛一样,而四周森林蓊郁的群山和山崖是它的浓密突出的眉毛。

我第一次划船在瓦尔登湖上游弋的时候,它的四周完全被浓密而高大的松树和橡树围着,有些山凹中,葡萄藤爬过了湖边的树,盘成一弯凉亭,船只可以在下面惬意地通过。湖岸边的山太峻峭,山上的树木又太高,所以从西端望下来,这里像一个圆形剧场,水上可以演出山林舞台剧。我年纪轻一点的时候,就在那儿消磨了好些光阴,像和风一样地在湖上漂浮。一个夏天的上午,我先把船划到湖心,而后背靠在座位上,似梦非梦地漂流着,直到船撞在沙滩上,惊醒的我才欠起身来,看看命运已把我推送到哪一个岸边来了。在那种日子里,懒惰是最诱惑人的事情,我就这样偷闲地度过了许多个上午。我宁愿把一天中最宝贵的光阴这样虚掷,我是富有的,虽然与金钱无关,因为我拥有阳光照耀的时辰以及夏令的日月,我挥霍着它们。可是,自从我离开这洒满古典生态阳光的湖岸之后,伐木人竟大砍大伐起来了。从此要有许多年不可能在林间的甬道上徜徉了,不可能在这样的森林中遇见湖水了。我的缪斯女神如果沉默了,她是情有可原的——森林已被砍伐,怎能希望鸟儿歌唱?

现在,湖底的树干,古老的独木舟,黑魆魆的四周的林木,都没有了,村民本来是连这个湖在什么地方都不知道的,如今却想到用一根管子来把这些湖水引到村中去给他们洗碗洗碟子了。这是和恒河之水一样圣洁的水!而他们却想转动一个开关,拔起一个塞子就利用瓦尔登的湖水了!这恶魔似的铁马,那震耳欲聋的机器喧嚣声已经传遍全乡镇了,它已经用肮脏的工业脚步使湖水混浊了,正是它,把瓦尔登湖岸上的树木和风景吞噬了。

虽然伐木人已经把湖岸这一段和那一段的树木先后砍光了,爱尔兰人也已经在那儿建造了他们的陋室,铁路线已经侵入了它的边境,冰藏商人已经豪取过它的冰,然而,它仍然顽强地生存着,还是我在青春时代所见的湖水——它虽然有那么多的涟漪,却并没有一条永久性的皱纹。它永远年轻,我还可以站在那儿,看到一只飞燕坦然掠下,从水面衔走一条小虫,正和从前一样。今儿晚上,这感情又来袭击我了,仿佛二十多年来我并没有每天都和它在一起厮守一样,——啊,这是瓦尔登湖,还是我许多年之前发现的那个充满着神秘和活力的林中湖泊。这儿,去年冬天被砍伐了一片森林,而另一片林子已经拔地而起,在湖边蓬勃华丽地生长着。还是同样水潦潦的欢乐,内在的喜悦,创造者的喜悦,是的,这可能就是我的喜悦。

这湖当然是一个大勇者的作品,其中毫无一丝一毫的虚伪!他用他的手围起了这一泓湖水,在他的思想中愈来愈深化,愈来愈清澈,并把它传给了康科德河,我从康科德河的水面上又看到了同样的倒影,我几乎要惊呼:瓦尔登湖,是你吗?!

这不是我的梦,
用于装饰一行诗;
我不能更接近上帝和天堂,
甚于我之生活在瓦尔登。
我是它的圆石岸,
飘拂而过的风;
在我掌中的一握,
是它的水,它的沙,
而它的最深邃僻隐处,
高高躺在我的思想中。

火车从来不停下来欣赏湖光山色,然而我想,那些司机和那些买了月票的旅客,常看到它,他们多少是会留心这些风景的。每天他们至少有一次机会与庄严、纯洁的瓦尔登湖相遇。对它,就算只有一瞥,也已经可以洗净现代繁华大街上的污浊和引擎上的油腻了。有人建议过,这湖可以称为"神的一滴"。

二、水流与人生哲理

水不仅能成为古代文人在仕途失意时吟哦的对象,营造或凄美、或朦胧的环境,而且更成就了古代文人对时间和生命的深入思考。"抽刀断水水更流,举杯销愁愁更愁"(李白《宣州谢朓楼饯别校书叔云》)。时间是始终流动不居的,而个人的生命却是极其有限的，正如庄子所言，"吾生也有涯，而知也无涯。以有涯随无涯，殆已"（《庄子·内篇·养生主》）。个人的生命和宇宙的真知是如此的不对称，个人无常的生命却要面对永恒的时间之流。唐代张若虚那首著名的乐府长诗《春江花月夜》，历来为文学家称赞。闻一多先生誉之为"诗中的诗"。该诗的精华何在？就在于面对长江流水而抒发了对历史、人生、青春的感慨，具有"强烈的宇宙意识"（闻一多语）。在这首诗中，长江流水象征代代无穷的人生，象征逝而不返的青春。依法国哲学家狄德罗的说法，水在这里已经不是"生糙的自然"，而是具有某种思想内涵的"人化自然"。杜甫写"不尽长江滚滚来"（《登高》），比拟人生社会生生不息，一往无前，全诗的意境由此而变为开阔、雄浑。苏轼笔下"大江东去，浪淘尽，千古风流人物。……江山如画，一时多少豪杰"（《念奴娇·赤壁怀古》），江水滚滚滔滔，不仅是历代英雄豪杰的见证者，也是英雄精神的呼唤者。在这一点上，文学家与历史学家不同。在历史学家看来，人（英雄）是历史的主体，长江只是历史人物活动的地理场所。而在诗人、作家眼中，长江本身就是英雄，是充满豪迈气概的"英雄河"，洋溢着阳刚之气、崇高之美。

水在古代文化中并不是作为一个孤立的个体而存在的，天人合一的审美观孕育了主客统一的民族思维模式。于是水也因此就有着和其并举的自然对应物，这便是山。山与水在古代文人的心目中是一体的，直到今天我们说起水文化来前面都爱加上一个山字，好像山文化与水文化的互相融合早已深入到人们的集体无意识之中，一切都显得那么的自然而然，而又如此的古老深邃。

孔夫子曾经有言曰，"知者乐水，仁者乐山；知者动，仁者静；知者乐，仁者寿"（《论语·雍也》）。在气象万千的自然界中，山是稳定的，给人一种屹立不倒的信赖感。水没有山那种固定和执着的外在形象，然而它却是刚柔并济的统一体。而充满智慧的人和水一样都能够洞察事物的真谛，因此他们总是活跃的和乐观的。有仁爱之心的人和山一样平静淡定，不会为外在纷繁多变的世界所动摇；宽厚仁慈，不为外物所役使。

下面我们来共同欣赏被闻一多先生誉为"孤篇压倒全唐"的《春江花月夜》。

《春江花月夜》意象图

春江花月夜

张若虚

春江潮水连海平，海上明月共潮生。
滟滟随波千万里，何处春江无月明！
江流宛转绕芳甸，月照花林皆似霰。
空里流霜不觉飞，汀上白沙看不见。
江天一色无纤尘，皎皎空中孤月轮。
江畔何人初见月？江月何年初照人？
人生代代无穷已，江月年年只相似。
不知江月待何人，但见长江送流水。
白云一片去悠悠，青枫浦上不胜愁。
谁家今夜扁舟子？何处相思明月楼？
可怜楼上月徘徊，应照离人妆镜台。
玉户帘中卷不去，捣衣砧上拂还来。
此时相望不相闻，愿逐月华流照君。
鸿雁长飞光不度，鱼龙潜跃水成文。
昨夜闲潭梦落花，可怜春半不还家。
江水流春去欲尽，江潭落月复西斜。
斜月沉沉藏海雾，碣石潇湘无限路。
不知乘月几人归，落月摇情满江树。

【译文】

春天的江潮水势浩荡，与大海连成一片，一轮明月从海上升起，好像与潮水一起涌出来。

月光照耀着春江，随着波浪闪耀千万里，所有地方的春江都有明亮的月光。

江水曲曲折折地绕着花草丛生的原野流淌，月光照射着开遍鲜花的树林好像细密的雪珠在闪烁。

月色如霜，所以霜飞无从觉察。洲上的白沙和月色融合在一起，看不分明。

江水、天空成一色，没有一点微小灰尘，明亮的天空中只有一轮孤月高悬空中。

江边上什么人最初看见月亮，江上的月亮哪一年最初照耀着人？

人生一代代地无穷无尽，只有江上的月亮一年年地总是相像。

不知江上的月亮等待着什么人，只见长江不断地一直运输着流水。

游子像一片白云缓缓地离去，只剩下思妇站在离别的青枫浦不胜忧愁。

哪家的游子今晚坐着小船在漂流？什么地方有人在明月照耀的楼上相思？

可怜楼上不停移动的月光，应该照耀着离人的梳妆台。

月光照进思妇的门帘，卷不走，照在她的捣衣砧上，拂不掉。

这时互相望着月亮可是互相听不到声音，我希望随着月光流去照耀着您。

鸿雁不停地飞翔，而不能飞出无边的月光；月照江面，鱼龙在水中跳跃，激起阵阵波纹。

昨天夜里梦见花落闲潭，可惜的是春天过了一半自己还不能回家。

江水带着春光将要流尽，水潭上的月亮又要西落。

斜月慢慢下沉，藏在海雾里，碣石与潇湘的离人距离无限遥远。

不知有几人能趁着月光回家，唯有那西落的月亮摇荡着离情，洒满了江边的树林。

张若虚（约公元660—720），唐代诗人，扬州人，曾任兖州兵曹。唐中宗神龙年间（公元705—707），张若虚与贺知章、贺朝、万齐融、邢巨、包融等俱以文辞俊秀驰名于京都，与贺知章、张旭、包融并称为"吴中四士"，唐玄宗开元时其尚在世。流传诗仅存《春江花月夜》《代答闺梦还》两首，以《春江花月夜》著名。被闻一多先生盛赞为"诗中的诗、顶峰上的顶峰"的这首《春江花月夜》，乃千古绝唱，是一篇脍炙人口的名作，也赢得了"以孤篇压倒全唐"之誉；后人评价称"张若虚《春江花月夜》用《西洲曲》格调，孤篇横绝，竟为大家。李贺、李商隐，挹其鲜润；宋词、元诗，尽其支流"，足见这首诗非同凡响的崇高地位和悠悠不尽之深远影响。

诗人入手擒题，一开篇便就题生发，勾勒出一幅春江月夜的壮丽画面：江潮连海，月共潮生。月光闪耀千万里之遥，哪一处春江不在明月朗照之中！江水曲曲弯弯地绕过花草遍生的春之原野，月色泻在花树上，像撒上了一层洁白的雪。月光荡涤了世间万物的五光十色，将大千世界浸染成梦幻一样的银灰色。因而"流霜不觉飞""白沙看不见"，浑然只有皎洁明亮的月光存在。细腻的笔触，描绘出了一个神话般美妙的境界，使春江花月夜显得格外幽美恬静。这八句，由大到小，由远及近，笔墨逐渐凝聚在一轮孤月上了。

清明澄澈的天地宇宙，仿佛使人进入了一个纯净的世界，这就自然地引起了诗人的遐思冥想："江畔何人初见月？江月何年初照人？"诗人神思飞跃，但又紧密联系着人生，探索着人生的哲理与宇宙的奥秘。张若虚在此处却别开生面，他的思想没有陷入前人窠臼，而是翻出了新意："人生代代无穷已，江月年年只相似。"个人的生命是短暂即逝的，而人类的存在则是绵延久长的，因之"代代无穷已"的人生就与"年年只相似"的明月得以共存。这是诗人从大自然的美景中感受到的一种欣慰。

"不知江月待何人，但见长江送流水。"这是紧承上一句的"只相似"而来的。人生代代相继，江月年年如此。一轮孤月徘徊中天，像是等待着什么人，却又永远不能如愿。月光下，只有大江奔流，奔腾远去。随着江水的流动，诗篇遂生波澜，将诗情推向更深远的境界。江月有恨，流水无情，诗人自然地把笔触由上半篇的大自然景色转到了人生图像，引出下半篇男女相思的离愁别绪。

"白云"四句总写在春江花月夜中思妇与游子的两地思念之情。"白云""青枫浦"托物寓情。白云飘忽，象征"扁舟子"的行踪不定。一种相思，牵出两地离愁，一往一复，诗情荡漾，曲折有致。

以下"可怜"八句承"何处"句，写思妇对离人的怀念。月明之夜，离愁别绪更加萦怀，使人无法排遣。而那一轮明月偏又浸透帘珑、照亮砧石，况且帘卷不去、手拂不开。此时远行的人儿只在思念之中，只能彼此瞩望而无法相依相诉，就是有再多的相思情怀，说来他也无法听到。我多想随这笼天罩地的月光飞流到他身边去照耀他啊！可是即使像鸿雁那样高飞远举，也不能把这寂寞楼头的相思明月带给他，何况这春江里只有跃浪的鱼儿激起几个漩涡儿呢！

最后八句写游子，诗人用落花、流水、残月来烘托他的思归之情。昨夜忽梦落花飘零，春已半残，可是寄身异地他乡，回家的日子还遥遥无期。江水奔流不息，一浪又一浪地赶往大海，好像要将春天带走一样。而江潭倒映明月，不知不觉已经西斜。斜月渐渐隐入海雾，这时北方南方、碣石潇湘有多少游子还在赶着回家，有多少离人怨妇还在远隔千山万水彼此思念呢？夜色凄迷，月光如水，不知有几人在这轮明月下赶回家去了，而我只能守着这野浦孤舟，思念着远方的亲人，看江流依然，落月留照，把江边花树点染得凄清如许，人间离情万种都在那花树上摇曳着、弥漫着。不绝如缕的思念之情，将月光之情、游子之情、诗人之情交织成一片，洒落在江树上，也洒落在读者心上，在这样勾魂夺魄的意境里结束全篇，情笔生花，余音绕梁，情韵袅袅，摇曳生姿，令人心醉神迷。

《春江花月夜》在思想与艺术上都超越了以前那些单纯模山范水的景物诗，有别于"羡宇宙之无穷，哀吾生之须臾"的哲理诗，也不同于抒儿女离愁别绪的爱情诗。诗人将传统题材，大胆创新，赋予其新的含义，融诗情、画意、哲理为一体，凭借对春江花月夜的描绘，始终围绕"江"和"月"两个主题，尽情讴歌大自然的奇丽景色，赞美人间纯洁的爱情，巧妙地将游子思妇的同情心、对人生哲理的追求、对宇宙奥秘的探索结合起来，从而产生一种情、景、理水乳交融的幽美而邈远的意境。整首诗篇描摹细腻、情景交融，仿佛笼罩在一片空灵而迷茫的月色里，吸引着读者去探寻其中特意隐藏在惝恍迷离的艺术氛围之中的真正的美。

宋代大理学家朱熹有诗云："半亩方塘一鉴开，天光云影共徘徊。问渠那得清如许，为有源头活水来"（朱熹《观书有感》）。这首表面看起来是写景状物的诗歌，其实却内蕴着关于水的人格理想。水在这时被赋予了道德伦理的意义指向，成了儒家文化的人格载体。中国文化中历来都有着对君子的言说，而水则是君子很好的一种象征物，庄子就将君子和水比附在了一起："且君子之交淡若水，小人之交甘若醴；君子淡以亲，小人甘以绝"（《庄子·山木》）。老子则直接将水喻为人性中的善，老子在《道德经》中言曰，"上善若水。水善利万物而不争，处众人之所恶，故几于道。"由此可以看出，不管是儒家还是道家，水都成为一种人格力量的象征，而这种人格理想无疑对文学是有着深远的影响的。

北宋范仲淹的《岳阳楼记》可谓是抒发古人人格理想的典范作品，而文中对水的描写更是令后人称道不绝的神来之笔。"予观夫巴陵胜状，在洞庭一湖。衔远山，吞长江，浩浩汤汤，横无际涯；朝晖夕阴，气象万千……若夫霪雨霏霏，连月不开，阴风怒号，浊浪排空……至若春和景明，波澜不惊，上下天光碧万顷。"对不同的气候时令和自然状况下洞庭湖呈现的不同景象的描写，惟妙惟肖，美不胜收。一面是高耸入云的山岳和楼台，一面是碧波荡漾的湖水和长江，这正像是古代文人人生境界的两极，山岳楼台隐喻着"居庙堂之高"的济世情怀，而湖水江河则象征着"处江湖之远"的逍遥理想。一面是"先天下之忧而忧"的忧患意识，一面是"后天下之乐而乐"的隐逸品格。于是儒道互补的古代知识分子的人格理想在山水文学中巧妙地表现了出来，水也无可厚非地成为人们阐发人生宇宙哲理的手段。

当然，文学中蕴含的水文化特质还远远不止这些，博大精深和包罗万象的水文化在数千年更迭不断的文学中的呈现，是这短短的篇幅远不能穷尽的。这些文字只能做一个开启古代文学中水文化的窗口,从而使得读者能够从中窥见华夏民族水文化的万千气象,并在此基础上逐步延伸自己的视野,看到后世文学中水文化一如既往、不绝如缕的精神特质。水文化正如水的流动性和变化性一样,它不是历史化的定格,而是不断在随着时间的推演而愈发放射出夺目的生命之光。

水蕴涵的是刚柔并济、自由流转、澄明透彻、厚积薄发的精神,这种精神成为大到一个国家、一个民族,小到一个地域、一个社群的人格力量的象征。

文学作为文化中的一朵奇葩,以其绚丽多姿、异彩纷呈的样态承载着这种水的精神,水的精神和文学一样将会伴随华夏民族的始终。水因其自由、因其灵活而历久弥新,历朝历代都涌现出如此之多的文学作品来描写水、赞颂水,但是在这数不清的诗文小说中却又几乎找不出有丝毫的雷同和复制的迹象。因此水的生命力是无穷无尽的,对水文化的文学性的挖掘也是没有穷尽的。"上有青冥之高天,下有渌水之波澜"(李白《长相思》),此言不虚。

面对前人已经创下的关于水文化的文学辉煌,我们没有必要望而生畏,更没有必要产生黔驴技穷式的喟叹。殊不知我们正是站在文学巨人的肩上,水文化那无尽的宝藏正等待着我们用文学的形式去发现、去挖掘。宋代的刘斧在《青琐高议》中有云,"我闻古人之诗曰:'长江后浪推前浪,浮世新人换旧人'",我们虽然没有用今人今事去代替旧人旧事的意思,但是给哺育我们精神成人的华夏民族的水文化尽自己的一份力量,这也是每一个中华儿女义不容辞的责任。

第四章　中国传统艺术与水文化

中国传统艺术泛指在中国本土发生、发展的所有艺术作品,是中国人运用本民族固有方法、采取本民族固有形式创造的、具有本民族固有形态特征的艺术形式。中国传统艺术包含书法、绘画、音乐、舞蹈、建筑、园林等艺术形式。

艺术总是根植于文化中,中国传统艺术与中华文化渊源休戚相关,线条性是中国传统艺术的典型标志和文化特征。中国传统艺术以线为魂,其线条有"曲"的线性思维特征。自远古时代以来,中国艺术无论是外部形象还是内部结构,无不是以灵动、自由、朴素的线条特征昭显着东方的情调和意识。东西方的美学家和理论研究者都对中国传统艺术线条的特性给予了高度的关注。中国文学和音乐以时间线性为轴,自由洒脱地在时间线性中展现情节、表达情感,无时无刻不在演绎着完美的线性意识;中国书法、绘画及雕刻艺术,都以清晰可见的笔触将中国人民"线"的情结生动呈现。西方的绘画与雕刻统一于雕刻,中国的绘画与雕刻则统一于绘画,而绘画又无法脱开书法的手法……由此可见,中国传统艺术都是线的艺术。

中国传统艺术是线条的艺术,欣赏中国传统艺术,目之所及、耳之所闻、手之所触、受之于心,总难撇开线条的萦绕。中国传统艺术的线条美在各门艺术中都有明显的呈现。

第一节　中国传统艺术与水文化的渊源

中国传统艺术与水文化有着不解之缘。"曲"的线性思维源于中国哲人对山水等自然景观的观察与体悟。中国汉字以线条的有机、无机的组合而形成独立的个性和风格,在汉字章法中,又以横竖的线条排列、疏密的线条布局来体现汉字艺术的完美。山水画法源于自然山川,用笔墨线条勾勒出其人格精神和情感趣味。中国园林景观更是以水为魂,通过营造小桥流水人家的意境传递中国文化的风格气派。

一、中国传统艺术线条有尚"曲"的特性

诗词歌赋结构上的"起、承、转、合",音调上的平仄展示着中国文学诗词歌赋的尚"曲"的特征。汉字由最初的"日月之行,鸟兽足痕"形状造字开始就沿用曲线条,后经象形到表意的发展,从大篆到秦始皇统一以曲线为主、笔画圆润流畅的小篆作为秦朝的标准书写字体,再到汉代开始盛行隶书,之后书写方式的变化导致草书、楷书、行书等字体迅速出现,书法开始成为一门独立的中国传统艺术。李泽厚先生说书法美是真正意义上的"有意味的形式",其意味表现在书法艺术的单线条精致的曲线美上,曲线蜿蜒而流动,曲折而不止息,蕴含了中华民族如黄河之水般的生命活力和隽永的古老神韵。

中国画最基本的造型手段就是线条,高度重视线条的飞驰飘逸美。线条的运用无处

不在❶，"从线条中透露出形象姿态"是中国古代绘画的基本特点。西方绘画讲色彩明暗，中国画却以线条为基础，重视线条的飞驰飘逸美。西方绘画追求的是逼真再现性，而中国画则追求意象表现性。东西方艺术的最初都是由线而生，线条是最原始的造型手段，后来逐渐分化，中国绘画一直保留沿袭并将之发扬光大。

中国传统音乐旋律线条是曲线而非直线，是细长而延绵的，而非短促折向的。与中国音乐一样，中国古典舞更是对曲线条运用到极致的一门传统艺术。在中国古典舞中"曲"线包含了几个方面的内容：一指舞蹈中身形的曲线运动。❷"舞者舞的线条之美就是舞蹈家最美丽的艺术之作"。中国古典舞要求舞者在人体形态上注重曲线美，要有含蓄柔韧、刚柔相济的气质，每一个短暂的静止停留都要呈现出线条美；二指舞台调度中的曲线运动，这与音乐中的旋律曲线条行进较为类似。舞蹈舞台调度是一种线性调度，是指那种"具有'线'的性质，在空间中展开和在时间中绵延的一种独特的"调度形式。

彩陶纹饰上的抽象化的线条，青铜器上的回旋生动的水纹、云纹，敦煌壁画线条流畅的飞天仙女，都可以作为绘画和雕刻艺术发展历史的佐证材料。

总而言之，中国传统艺术是单曲线的艺术。在中国传统艺术中曲线的运用大大多于直线，是以曲为主、直为辅。曲线是中国传统艺术的基本特征。

二、中国传统艺术"曲"的线性思维来源

(一)"曲"的线性思维源于中国传统哲学

子曰："智者乐水，仁者乐山；知者动，仁者静；知者乐，仁者寿。"《论语·雍也》这句话的意思有三层：一为智慧的人喜欢流水，仁爱的人喜欢高山。二为智慧的人乐于像流水一样，阅尽世间万物，处之悠然、淡泊；宽厚仁爱的人乐于像大山一样，岿然矗立、崇高、安宁。三为智慧的人懂得变通，仁义的人心境平和。三层意思都提示了"审美主体在欣赏自然美时带有选择性，自然美成为现实的审美对象，取决于它是否符合审美主体的道德观念"。❸ 自然的存在是天然形成的，蓝天白云、高山流水、树木草地，都是自然对人类的馈赠，人们利用自然、享受自然，并情不自禁地以各种方式赞美自然。音乐就是其中重要的方式之一，中国传统音乐的线条性特点与自然是完全相关的，是取物于自然的。正如孔子的思想中，因为高山流水符合人类意识形态中德、智的标准，人们不断以绘画、雕刻、诗歌文学、音乐去描绘它、赞美它，而高山的外部轮廓线、河流蜿蜒曲折的途径线、山林的走向轨迹线……都是艺术线条来源于自然的灵感，中国传统音乐美丽的线条是自然美的呈现。

(二)"曲"的线性思维与"道"的思想高度吻合

中国传统艺术"曲"的线性思维方式与太极图中的"S"线思想精髓高度吻合。道教太极图是融会道家哲学思想的图形，整个图形为一个浑圆的圆圈，圈内由一条"S"线将圆分成黑白两个部分。黑白两个半球中又包含黑白小圆点，黑半球中为白点，白半球中为黑点。关于太极图的内涵有许多解释，人们普遍认为太极图蕴含着"道"的混沌、"道"的运

❶ 宗白华．中国美学史中重要问题的初步探讨[M]．北京：北京大学出版社，1987：335.
❷ 沈艺．线条的艺术——试论中国古典舞线性运动的特性[J]．艺术研究，2011(02)：98-99.
❸ 叶朗．中国美学史大纲[M]．上海：上海人民出版社，2005：56.

动性,以及"道"的有无相生、有无统一、阴阳相合的思想。"道法自然""道"没有意志和目的性,在自觉的运动中产生万物。"S"线是曲线,与中国传统艺术线条的"曲"有着无尽的相似之处。较于直线而言,"S"线比直线更富于变化,更易于游动,且更趋柔美、婉转。❶"S"线的使用一方面体现了道家讲求运动变化的辩证法哲理,另一方面也暗示着如同女性身躯般曲美、蜿蜒的贵柔守慈的哲学和美学义理。"S"线是太极图结构的基本支撑,没有这条线,太极图就无法诠释"道"的玄妙,更是这条黑白双边共享的"S"线将"道"的有限与无限、混沌与差别统一了起来,使阴阳和合在看不见的"气"中得到统一。"气"就是"道","气"是客观存在的。在中国古典美学中,"气"才是审美对象。"气"是事物的实质、本质,❷"审美观照的实质并不是把握物象的形式美,而是把握事物的本体和生命"。用"道"的思想研究中国的器乐文化,用太极图"S"线思想启发中国器乐演奏技巧,是我们从"道"的思想观念下更深入研究中国传统艺术的新视角。

（三）"曲"是对自然的摹仿

中国传统艺术"曲"的线性思维源于自然山川河流之形。"山川之美,古来共谈。高峰入云,清流见底。两岸石壁,五色交辉。青林翠竹,四时俱备。晓雾将歇,猿鸟乱鸣。夕日欲颓,沉鳞竞跃。实是欲界之仙都。自康乐以来,未复有能与其奇者。"——《山川之美》,出自《全上古三代秦汉三国六朝文·全梁文》陶弘景创作于南朝南齐南梁。神奇的自然孕育了世间万事万物,壮丽的山河、秀美的风景是历朝历代文人墨客为之抒笔的不衰主题。自然孕育和造就了人类,人类赖以自然生存,自原始人类出现,其生产活动的对象就是整个自然,人们认识自然、利用自然、改造自然、赞颂自然,从未停止对自然的探索和关注。作为人类精神灵魂家园的艺术,更是取法自然。

"曲"取法自然,依托自然,从自然中汲取灵感。中华文明的发源地、母亲河——长江、黄河,以它们博大的胸怀,哺育中华儿女,孕育中华文明。正是长江、黄河的单曲而非直的线条特点,赋予中国传统艺术线条的自由灵魂的曲线灵感。长江、黄河以微小的细流分别发源于青海省唐古拉山和青藏高原的巴颜喀拉山脉,以宽厚仁和的姿态融汇江河湖泊,一鼓作气,奔流不息,直奔大海。余亚飞曾书《黄河颂》"黄河浩荡贯长虹,浪泻涛奔气势雄。石障山屏难阻挡,千回百转总流东"。赞美黄河百折不回、生生不息的精神。诚然,千姿百态的弯曲正是无穷生命力的驱动点,是生命的源泉。中国音乐的音声线条亦如此,看似简约的旋律线蜿蜒流动、婀娜多姿,却蕴含着无尽的驱动力,推动着音乐不断向前。

"曲"是"自然神丽"的审美意象。魏晋时期,嵇康的《琴赋》是一部重要的描写制琴、琴材的选用与制作、弹奏技巧、琴音的美妙、琴乐演奏环境及行为等方面的著作。其中,嵇康用了大量篇幅描写琴材生长的自然环境。其用意不仅仅在于体现崇尚自然的审美旨趣,更在于当琴材被制成后,自然美也成了操琴之士在琴乐表现中的审美意向"寄情于山水"。反过来,也正是《琴赋》中讲的"自然神丽"使自然美成为琴乐表现的内容,人们才会关注琴材的生成环境。❸

❶ 蔡钊. 道教太极图与琵琶艺术"体圆和"之关联[J]. 西南民族大学学报:人文社科版,2008(208):261-264.
❷ 叶朗. 中国美学史大纲[M]. 上海:上海人民出版社,1985:27.
❸ 修海林. 中国古代音乐美学[M]. 福州:福建教育出版社,2004:289.

概而述之,中国传统艺术线条不是几何线条,而是自由的曲线。中西艺术都使用线条,但中国线条蜿蜒,西方线条铿锵。曲线较之于直线和折线等其他几何线条,更为自由灵动。中国传统艺术使用不间断地描摹或叙事的手法,一气呵成,连绵不绝。如中国传统音乐艺术,较之于西方的五线谱记谱法,我们的工尺谱在记谱时并无明确的节奏体系,而是将整个音乐作品的节奏系统寄寓于乐器演奏者的演奏手法、歌词或者节拍之中,由此更是将我国传统音乐的线条的自由度发挥到极致。不同的演奏者对相同的作品总能处理出不同的意韵效果,这些正是来自自然的灵感。

第二节　中国书法的水文化之韵

书法是中国特有的一种传统艺术。中国汉字是劳动人民创造的,开始以图画记事,经过几千年的发展,演变成了当今的文字,又因祖先发明了用毛笔书写,便产生了书法。古往今来,均以毛笔书写汉字为主,至于其他书写形式,如硬笔、指书等,其书写规律与毛笔字相比,并非迥然不同,而是基本相通。

从广义上讲,书法是指语言符号的书写法则。换言之,书法是指按照文字特点及其含义,以其书体笔法、结构和章法写字,使之成为富有美感的艺术作品。狭义而言,书法是指用毛笔书写汉字的方法和规律。包括执笔、运笔、点画、结构、布局(分布、行次、章法)等内容。

汉字书法为汉族独创的表现艺术,被誉为"无言的诗、无行的舞、无图的画、无声的乐"。中国书法的五种主要书体:篆书体(包含大篆、小篆),隶书体(包含古隶、今隶),楷书体(包含魏碑、正楷),行书体(包含行楷、行草),草书体(包含章草、小草、大草、标准草书)。

一、书法的发展历史

秦代是中国传统书法先河的开创期。春秋战国时期,各国文字差异很大,是发展经济文化的一大障碍。秦始皇统一国家后,统一全国文字称为秦篆,又叫小篆,是在金文和石鼓文的基础上删繁就简而来。为了书写方便,西汉时期出现了隶书,完成了篆书到隶书的蜕变,结体由纵势变成横势,线条波磔更加明显。秦代书法,在中国书法史上留下了辉煌灿烂的一页,气魄宏大,堪称开创先河。

两汉时期是书法艺术的繁荣期。后汉以来,碑碣云起是汉隶成熟的标记。东汉时期出现了专门的书法理论著作。最能代表汉代书法特色的是碑刻和简牍上的书法,此时隶书已登峰造极。汉代创兴草书,草书的诞生在书法艺术的发展史上有着重大意义。它标志着书法开始成为一种能够高度自由地抒发情感、表现书法家个性的艺术。

三国两晋南北朝时期是中国传统书法发展高峰期。隶书开始由汉代的高峰地位降落衍变出楷书,楷书成为书法艺术的又一主体。书法史上最具影响力的书法家王羲之,人称"书圣"。王羲之的行书《兰亭序》被誉为"天下第一行书",论者称其笔势以为飘若浮云,矫若惊龙。其子王献之的《洛神赋》字法端劲,所创"破体"与"一笔书"为书法史上一大贡献。两晋书法最盛时，主要表现在行书上，行书是介于草书和楷书之间的一种字体。

南北朝时期的书法进入北碑南帖时代，以魏碑最盛。北朝书法以碑刻为主，尤以北魏、东魏最精，风格亦多姿多彩。南朝书法，也继承东晋的风气，上至帝王，下至士庶都非常喜好。南北朝书法家灿若群星，无名书家为其主流。他们继承了前代书法的优良传统，创造了无愧于前人的优秀作品，也为形成唐代书法百花竞妍、群星争辉的鼎盛局面创造了必要的条件。

隋结束南北朝的混乱局面，统一中国，和之后的唐都是较为安定的时期，南帖北碑之发展至隋而混合同流，正式完成楷书之形式，居书史承先启后之地位。唐代书法艺术，可分初唐、中唐、晚唐三个时期。初唐以继承为主，尊重法度，刻意追求晋代书法的劲美；中唐不断创新，极为昌盛；晚唐书艺亦有进展。

宋朝书法尚意，此乃朱大倡理学所致，意之内涵有四点：一重哲理性，二重书卷气，三重风格化，四重意境表现，同时倡导书法创作中个性化和独创性。

明末与清，美学主潮以抒情扬理为旗帜，追求个性与发扬理性互相结合，正统的古典美学与求异的新型美学并盛。清代书法的总体倾向是尚质，同时分为帖学与碑学两大发展时期。

当代的中国传统书法已经升华到观念变革的高层次。书法现代性不再简单地取决于书法艺术的形式、结构、线条等外在面貌，而是取决于现代化的内在精神，当代书法艺术体现和传导着现代社会的价值趋向。

二、经典书法作品赏析

中国书法艺术是最能直观感受线条美的艺术。中国的汉字从产生就用线条表现其笔画、结构形态，用模仿的手法对事物进行描摹。李泽厚先生在《美的历程》中提到"汉字更是以其净化了的线条美——比彩陶纹饰的抽象几何纹还要更为自由和更为多样的线的曲直运动和空间构造，表现出和表达出种种形体姿态、情感意兴和气势力量，终于形成中国特有的线的艺术——书法"。❶

书法艺术的线条最早可追溯到人类结绳记事的历史时期。《易经》上讲"上古结绳而治"，这是人类文明的最早发端，而编结技术成为中国汉字发源的一个重要的启示。当今中国汉字象形文字虽已不多，但却是形声字形成的基础。经过不断的发展，中国汉字已经由象形逐渐深化其内涵进而形成了以形会意。中国汉字以线形成其笔形结构，无论是宋体、楷书、隶书或行书，汉字的点、横、折、划……都是线条的有机、无机的组合而形成其独立的个性和风格，从顾恺之的"高古游丝描"，到吴道子的"莼菜条描"……线条的感染力已经发挥到了极致。在汉字章法中，又以横竖的线条排列、疏密的线条布局来体现汉字艺术的完美。李泽厚先生说书法美，不是一般的图案花纹的形式美、装饰美，而是真正意义上的"有意味的形式"。它的意味表现在书法艺术的鲜活性、生动性，是流动的、富有生命暗示和表现力量的线条美。

---

❶ 李泽厚. 美的历程[M]. 上海：新知三联书店，2012：42.

当代一些书法艺术家不满足于书法艺术的超强稳定性,认为线性思维是书法艺术创作惰性形成的原因。此种理论的提出,并未得到较大的响应,毕竟对线的运用是书法艺术赖以生存的基本形式,线是中国汉字的生命表征。

书法作品赏析应该关注的几个审美要点:

(1)整体形态美。中国字的基本形态是方形的,但是通过点画的伸缩、轴线的扭动,也可以形成各种不同的动人形态,从而组合成优美的书法作品。结体形态主要受两方面因素影响:一是书法意趣的表现需要;二是书法表现的形式因素。就后者而言,主要体现在三个方面:一为书体的影响,如篆体取竖长方形;二为字形的影响,有的字是扁方形,而有的字是长方形的;三为章法影响。因此,只有在上述两类因素的支配下,进行积极的形态创造,才能创作出美的结体形态。

(2)点画结构美。点画结构美的构建方式主要有两种,一是指各种点画按一定的组合方式,直接组合成各种美的独体字和偏旁部首;二是指将各种部首按一定的方式组合成各种字形。中国字的部首组合方式无非是左右式、左中右式,上下式、上中下式、包围式、半包围式等几种。其组合原则主要是比例原则、均衡原则、韵律原则、节奏原则、简洁原则等。这里特别要提的就是比例原则,其中黄金分割比又是一个非常重要的比例,对点画结构美非常重要。

(3)墨色组合美。结体墨色组合的艺术性,主要是指其组合的秩序性。作为艺术的书法,它的各种色彩不能是杂乱无章的,而应是非常有秩序的。这里也有些共同的美学原则,要求书者予以遵守,如重点原则、渐变原则、均衡原则等。书法结体的墨色组合主要涉及两个方面:一是对背景底色的分割组合。人们常说的"计白当黑"就是这方面的内容。二是点画结构的墨色组合。从作品的整体效果来看,不但要注意点画墨色的平面结构,还要注意点画墨色的分层效果,从而增强书法的表现深度。

三、名家名作欣赏

(一)秦代李斯作品《绎山石刻》

李斯的字在秦代是一流的。他还有一套书法理论,他在谈到用笔的方法时说,写字,用笔要急速回转,折画要快,像苍鹰俯冲盘旋一样。收笔好比游鱼得水,运笔就像景山行云,笔画的轻重、舒卷,自然一体,大方美观。从《峄山石刻》可以看出,李斯的书法运笔坚劲畅达,线条圆润,结构匀称,点画粗细均匀,既具图案之美,又有飞翔灵动之势。书法造诣高超,使一切写小篆的人皆难入其境,成为后世临摹学书之佳作。

李斯《绎山石刻》

（二）王羲之代表作《兰亭序》

王羲之《兰亭序》

王羲之《兰亭序》又名《临河序》《兰亭集序》《褉帖》等，全文28行、324字，米芾誉之为"天下行书第一"，在中国书法史上具有崇高的地位。

公元353年4月22日（晋永和九年三月初三日，距今已1 661年），时任会稽内史的王羲之与友人谢安、孙绰等四十一人在会稽山阴的兰亭雅集，饮酒赋诗。王羲之将这些诗赋辑成一集，并作序一篇，记述流觞曲水一事，并抒写由此而引发的内心感慨。这篇序文就是《兰亭集序》。其书从容娴和，气盛神凝。真迹殉葬昭陵，有摹本、临本传世，以"神龙本"最佳。此帖用笔以中锋为主，间有侧锋，笔画之间的萦带纤细轻盈，或笔断而意连，提按顿挫一任自然，整体布局天机错落，具有潇洒流丽、优美动人的无穷魅力。此帖最大特征是用笔细腻而结构多变，过去的书风都走古拙一路，如《平复帖》，而王羲之却能把书法技巧由纯出乎自然引向较为注重华美，从而达到精致的境界，与古拙相对为"秀媚"。将这种充溢韵致的书风与《兰亭序》描写的良辰美景珠联璧合，有一种微妙的人和大自然融合在一起的境界。作者置身于"崇山峻岭、茂林修竹"之间，"极视听之娱"，抒发乐山乐水之情：与友人雅集，尽咏赏景之际，或悲或喜，情感跌宕，叹人生苦短，良辰美景不常，情景交融，文思喷发，乘兴书之，为中华文化留下了旷世杰作。

（三）颜真卿《祭侄文稿》勤礼碑

《祭侄文稿》（全称为《祭侄赠赞善大夫季明文》）是唐代书法家颜真卿于唐乾元元年（758）为追祭从侄颜季明而创作的行书纸本书法作品。全文共23行、凡234字。这篇文稿追叙了常山太守颜杲卿父子一门在安禄山叛乱时，挺身而出，坚决抵抗，以致"父陷子死，巢倾卵覆"、取义成仁之事。通篇用笔之间情如潮涌，书法气势磅礴，纵笔豪放，一气呵成。《祭侄文稿》笔法圆转，笔锋内含，力透纸外，其线条的质性遒劲而舒和。《祭侄文稿》线条浑厚圆劲，骨势洞达，赋予立体感。不同于晋唐以来的方头清瘦，回归了古朴淳厚之气。楷隶之法的出现让作品奇趣迭出，如"门、陷、孤"等用楷法，"既、承"末笔波状则取隶法，"凶、威"二字取法篆籀等，正是以圆润、浑厚的笔致和凝练遒劲的篆籀线条，充分抒展书法家的个性，展现了颜真卿在行书用笔上非凡的艺术功力。《祭侄文稿》在中国书

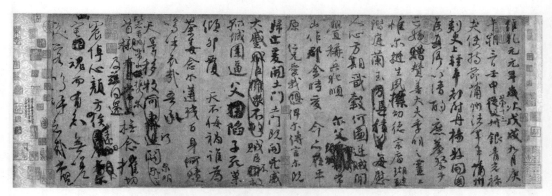

颜真卿《祭侄文稿》

法史上被历代书家公认为是继东晋王羲之《兰亭集序》之后的"天下第二行书"。1949年初,《祭侄文稿》和北京故宫众多的珍贵文物一起,被败退的国民政府带到了台湾,至今一直收藏于台北故宫博物院。

（四）米芾《清和帖》

米芾《清和帖》

《清和帖》是北宋书法家米芾的一幅作品,现藏于台北故宫博物院。《清和帖》是米芾写给友人窦先生的一封信。信中提到与窦先生很久未见,表达倾慕敬仰之意。米芾并藉由描述夏初气候,询问对方起居生活如何？他接着自述年事衰老,却必须赴任官职,因此不能久留,恭敬地希望对方保重。当时米芾正准备前往汴京（今河南开封）接任书画学博士。信中内容虽然简单,却表现了即将接下官职的心情。《清和帖》是米芾书法作品的精品之一,写得潇洒超逸、不激不励,用笔比较含蓄,与其他帖比较,温和了许多,但笔划的轻重时有对比,字的造型敧侧变化,又使此帖平添了几分俊迈之气。

（五）赵孟頫代表作《洛神赋》卷

赵孟頫是元代著名书画家,不仅绘画创一代新风,书法更是元代第一人。《洛神赋》卷为赵孟頫行书代表作。行中兼楷的结体、点画,深得"二王"（王羲之和王献之）遗意,尤其是王献之《洛神赋》的神韵,即妍美洒脱之风致。同时,又呈现自身的追求,如比较丰腴

第四章 中国传统艺术与水文化

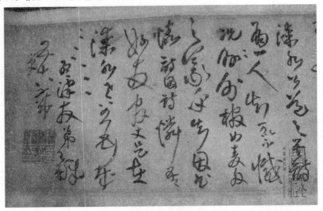

赵孟頫《洛神赋》卷

的点画、轻捷的连笔、飘逸中见内敛的运锋、端美中具俯仰起伏的气势等,都显示出他博取众长而自成一体的艺术特色。后世诸家题跋高度评述此卷,李倜评道:"大令好写洛神赋,人间合有数本,惜乎未见其全。此松雪书无一笔不合法,盖以兰亭肥本运腕而出之者,可云买王得羊矣。"高启云:"赵魏公行草写洛神赋,其法虽出入王氏父子间,然肆笔自得,则别有天趣,故其体势逸发,真如见矫若游龙之入于烟雾中也。"

(六)王铎代表作《拟山园帖》

王铎《拟山园帖》

王铎是明末清初书画家,善于正书、行书、草书,笔力雄健,传世墨迹有《拟山园帖》《琅华馆帖》等。拟山园是王铎的别墅,《拟山园帖》是王铎的儿子将其父墨迹精选79幅,刻于90块石碑上得名,内容多为临摹古人。当《拟山园帖》传入日本后,曾引起一时轰动,日本书坛还把王铎列为第一流的书法家,称"后王(王铎)胜先王(王羲之)"。王铎书法主要取法于"二王"、米芾,以及唐宋诸家,他的书法既有传统的继承,又有革新的风貌。他的书法主要特点是:笔力惊人,霸悍雄强,浑厚淋漓,有扛鼎之力和奋发之气。在结字上,奇矫怪伟,以涨墨法略去点画,改变字形;而且用笔非常清楚,线条极富个人特色,遒劲苍老,含蓄多变,于不经意的飞腾跳掷中表现出特殊个性;时而以浓、淡甚至宿墨,大胆制造线条与块面的强烈对比,形成一种强烈的节奏。有人以他的线条与明代另两位草书家徐渭、祝枝山作比,他的遒劲既有异于徐渭的粗放,也有别于祝枝山的生辣,至于文征明、董其昌则更不在话下。王铎的书法对中国书法后来的发展产生过巨大影响,甚至影响到海外书坛,特别对日本书法影响颇深。

第三节　中国山水画

中国绘画一般称之为丹青,主要是画在绢、纸上并加以装裱的卷轴画,简称"国画"。它是用中国所独有的毛笔、水墨和颜料,依照长期形成的表现形式及艺术法则而创作出的绘画。

中国绘画按其使用材料和表现方法可分为水墨画、重彩、浅绛、工笔、写意、白描等;按其题材又有人物画、山水画、花鸟画等。

中国画的画幅形式较为多样,横向展开的有长卷(又称手卷)、横披,纵向展开的有条幅、中堂,盈尺大小的有册页、斗方,画在扇面上的有折扇、团扇等。

一、中国绘画发展历程

中国绘画历史悠久,远古时期出现了原始岩画和彩陶画,战国时期出现了画在丝织品上的绘画——帛画。这些早期绘画奠定了后世中国绘画以线为主要造型手段的基础。两汉和魏晋南北朝时期,形成以宗教绘画为主的局面,描绘本土历史人物、取材文学作品亦占一定比例,山水画、花鸟画亦在此时萌芽,同时对绘画自觉地进行理论上的把握,并提出品评标准。隋唐时期绘画呈现出全面繁荣的局面,山水画、花鸟画已发展成熟;宗教画达到了顶峰,并出现了世俗化倾向;人物画以表现贵族生活为主,并出现了具有时代特征的人物造型。五代两宋人物已转入描绘世俗生活,宗教画渐趋衰退,山水画、花鸟画跃居画坛主流。而文人画的出现及其在后世的发展,极大地丰富了中国画的创作观念和表现方法。元、明、清三代水墨山水画和写意花鸟画得到突出发展,文人画成为中国画的主流,但其末流则走向因袭模仿,距离时代和生活愈去愈远。

自19世纪末以后,中国画在引入西方美术的表现形式、艺术观念以及继承民族绘画传统的文化环境中出现了流派纷呈、名家辈出、不断改革创新的局面,出现了以上海为中心的江浙画家群,如任颐、虚谷、吴昌硕、黄宾虹、刘海粟、潘天寿、朱瞻、张大千、傅抱石、钱松喦、陆俨少等;以北京为中心的北方画家群,如齐白石、陈师曾、金城、陈半丁、王雪涛、李苦禅、蒋兆和、李可染等;以广州为中心的岭南画家群,如高剑父、高奇峰、陈树人、何香凝、赵少昂、关山月、黄君璧等。

随着时代的变迁,中国画由过去士大夫和贵族娱乐自赏的贵族艺术转向为"民众的艺术",使中国画在题材内容上产生了深刻的变化。画家们将视角投向社会现实,创作了一大批具有时代特征的优秀作品。

二、山水画的线体美

中国绘画在思想内容和艺术创作上反映了中华民族的社会意识和审美情趣,集中体

现了中国人对自然、社会及与之相关联的政治、哲学、宗教、道德、文艺等方面的认识。在观察认识、形象塑造和表现手法上,中国绘画体现传统的哲学观和审美观。在对客观事物的观察认识中,采取以大观小、小中见大的方法,并在活动中去观察和认识客观事物,甚至可以直接参与到事物中去,而不是做局外观,或局限在某个固定点上。它渗透着人们的社会意识,从而使绘画具有"千载寂寥,披图可鉴"的认识作用,又起到"恶以诫世,善以示后"的教育作用。即使山水、花鸟等纯自然的客观物象,在观察、认识和表现中,也自觉地与人的社会意识和审美情趣相联系,借景抒情,托物言志,体现了中国人"天人合一"的观念。

高度凝练的线条,强弱刚柔相济的关系配合,仅用线条就能表现出人物、山水、花鸟的栩栩如生、鲜活灵动,形成了中国画的独特风貌和气质品格。对于绘画线条造型的理论最早可追溯到孔子的"绘事后素",《论语·八佾》孔子以"绘事后素"回答子夏的"素以为绚"❶,强调了线条在绘画中的作用。魏晋南北朝时期谢赫在绘画"六法"中提到了"骨法用笔",第一次明确地把线条理论建立起来。❷ "骨法用笔"是基础,其重要性远在其他五法之上,是"气韵生动"得以实现的必要条件和根本保障。中国绘画从产生伊始,无论如何变化,线条都是其不可缺少的重要介质。

人物画是中国最早成熟的绘画。目前有据可考的发现最早的帛画,都是以人物为题材,以绢帛为载体,以线条勾勒出人物美妙婀娜的身姿、雍容富贵的衣褶……东晋顾恺之的《洛神赋图》亦以柔美灵动的线条演绎出一段凄美浪漫的爱情传说。其画作中均采用因物变线,或粗或细、或直或曲,将线条的美感尽展于画帛之上。唐代的吴道子更是用草书般的线条作画,成为了那个时代善用线条的最为出色的画家。后世诸多画家依然传承着线条造型并将之发扬光大,如两宋的李公麟主张"白描出神",擅长以线条完成各种题材的创作;南宋的梁楷坚持"减笔出新"。

中国山水画更是中国画艺术精神的代表,最早产生于唐代。"外师造化,中得心源"是山水画的真谛。山水画法常与书法中的草书相提并论,正是山水画的水墨已经提炼出了一定的线条程式。书画同源,"十八描"中的"皴"就是源于自然山川用凌厉的线条表现出来的一种山水画法。山水画家正是用笔墨线条语言勾勒出其人格精神和情感趣味。

(一)现存最古老的卷轴山水画:隋代展子虔《游春图》

展子虔的《游春图》是我国山水画史上第一幅完整独立的山水画卷,同时开启了青绿山水之端绪,对后世影响深远。青绿山水是中国传统绘画的重要组成部分,是一种典型的工笔重彩表现形式。用呈色稳固、经久不变的矿物质石青和石绿为主色,青绿相映,富丽堂皇。青绿山水曾作为主要的山水样式流行于隋唐和北宋末年的宫廷。

此图展现的是游春的情景。画家以细笔勾出轻漾的水纹及远处飘荡的小舟,舟行渐远渐小,凸显了江天的壮阔浩渺,江岸的山峰耸峙峻秀,岸上的树木蓊郁苍翠,层叠错落、密树掩映的曲折山岭间有碧殿台阁,水榭赤栏修筑于松竹小径,其间有游人穿行于桃红丛绿之中。坡岸之上,两人正临水驻足,赏春抒怀;另见四人沿山上小路而来,主人骑马,三

---

❶ 《论语·八佾》子夏问曰:"巧笑倩兮,美目盼兮,素以为绚兮。何谓也?"子曰:"绘事后素。"

❷ 李泽厚. 美的历程[M]. 合肥:安徽出版社,1999:103.

展子虔《游春图》

个仆人或引领、或挑担、或提物，前后簇拥而行。此图使人远离尘世，倾情自然，纵目千里，给人以清新而"超然物外"之感。

（二）顾恺之《洛神赋图》

顾恺之《洛神赋图》

顾恺之（公元348—409），字长康，小字虎头，晋陵无锡人，有"文绝、画绝、痴绝"之称，是我国东晋时期杰出的艺术家。他的绘画作品与绘画理论对传统绘画的发展有着深远的影响。

此图取材于曹植的《洛神赋》一文。主要讲述了主人公从帝京回东藩的途中，经过洛水，遇到洛水女神——宓妃的故事。原文中描写主人公虽然对宓妃充满爱恋，而最终却不得不离去的故事情节，表现了作者在现实中的伤感与无奈。顾恺之在这幅画里却将结局做了修改，以主人公与宓妃有情人终成眷属而告终。故事以连环画的形式在同一画幅的不同场景中展开，将一个传说中的爱情故事表现得浪漫感人。

第四章 中国传统艺术与水文化

《洛神赋图》中一些树、石的表现上，作者以凹凸晕染的方法来增加立体感，这来自于对当时青铜铸造艺术和帛画艺术手法的借鉴，来自于那一时代随着佛教的不断传入，中西文化交流的不断发展和相互影响。此外，图中人物的塑造也是极其成功的，人物虽散落于山水之间，但相互照应并不孤立，神情的顾盼呼应使人物之间产生了有机的视觉联系，这不能不归功于作者对人物神态的准确刻画。

（三）黄公望《富春山居图》

黄公望《富春山居图》

富春山居图是元代画家黄公望于1350年创作的纸本水墨画，中国十大传世名画之一。元代画家黄公望为师弟郑樗（无用师）所绘，几经易手，并因"焚画殉葬"而身首两段。前半卷：剩山图，现收藏于浙江省博物馆；后半卷：无用师卷，现藏台北故宫博物院。2011年6月，前后两卷在台北故宫博物院首度合璧展出。《富春山居图》描写富春江两岸初秋景色，展卷观览，人随景移，引人入胜。树丛林间，或渔人垂钓，或一人独坐茅草亭中，倚靠栏杆，看水中鸭群浮沉游戏。天长地久，仿佛时间静止，物我两忘。近景坡岸水色，峰峦冈阜，陂陀沙渚，远山隐约，徐徐展开，但觉江水茫茫，天水一色，令人心旷神怡。有时江面辽远开阔，渺沧海之一粟；有时逼近岸边，可以细看松林间垂钓渔人闲逸安静。山脚水波，风起云涌，一舟独钓江上，令人心旷神怡。接着是数十个山峦连绵起伏，群峰竞秀，最后则高峰突起，远岫渺茫。山间点缀村、舍、茅亭，林木葱郁，疏密有致，近树沉雄，远树含烟，水中则有渔舟垂钓，山水布置疏密得当，层次分明。全图用墨淡雅，仅在山石上罩染一层几近透明的墨色，并用稍深墨色染出远山及江边沙渍、波影，以浓墨点苔、点叶，醒目自然。整个画面林峦浑秀，草木华滋，充满了隐者悠游林泉，萧散淡泊的诗意，散发出浓郁的江南文人气息。元画静谧萧散的特殊面貌和中国山水画的又一次变法赖此得以完成，元画的抒情性也全见于此卷

（四）文征明《沧溪图》

文征明，明代画坛巨匠。文征明的绘画兼善山水、兰竹、人物、花卉诸科，尤精山水。此画为文征明于嘉靖二十三年75岁时为宜兴吴俦作，绢本设色，尺寸31.7 cm×139.8 cm，北京故宫博物院藏。有王文治书法题跋：文衡山沧溪图并记。作品布局精巧，画中江面宽阔坦荡，远处崇山叠嶂，近处一老者拄杖过桥，有屋舍、亭台隐于其间，几株高大的古

文征明《沧溪图》

松苍老枝奇、茫然耸立,周边对岸杂树高低,绿叶枯枝,多姿朴茂。整幅画面清润雅丽,沉静明洁,描写细美老到,墨色清淡而变化丰富。题字苍劲,题诗韵致,表现了画家诗、书、画兼长并擅的文人墨气,抒写了沉静的文人名士生活情怀,使得整副画意境清雅、开阔安详,美丽而不流于媚俗,同时也表现了画家晚年的心境情态,有很强的抒情气味。

(五)张大千《长江万里图》

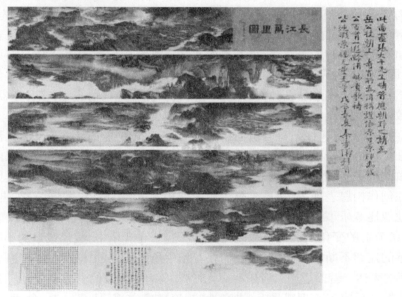

张大千《长江万里图》

张大千是20世纪中国画坛最具传奇色彩的画家,被徐悲鸿誉为"五百年来第一人"。于山水、人物、花卉、仕女、翎毛无所不擅,尤其在山水画方面卓有成就。《长江万里图》作于1968年,作者时年69岁。画卷长1 979.5 cm、宽53.2 cm。以鸟瞰的构图方式展现绵延不绝的动势和空间,将不同的时空点纳入同一视觉空间,表达出中国文化的宇宙观。画面疏密明暗的安排,拥有一气呵成的整体感。泼墨、泼彩、用笔、点染、荫湿、流动、沉积、干印等各项技法的炉火纯青和综合运用,营造出长江山水博大蜿蜒的雄浑气势。整幅画面生动传神,使人身临其境,透过画面仿佛能够感到水汽湿润、青翠盎然的生机。

第四节 中国传统音乐舞蹈艺术

中国传统音乐是指中国人运用本民族固有方法,采取本民族固有形式创造的、具有本民族固有形态特征的音乐,不仅包括在历史上产生、流传至今的古代作品,还包括当代作品,都是我国民族音乐中一个极为重要的组成部分。

中国传统音乐的划分最早见于中国音乐研究所编写的《民族音乐概论》,主要分为五大类:歌曲、歌舞音乐、说唱音乐、戏曲和器乐,但大多院校在教学中把歌舞音乐并入民歌,于是就变成四大类:民歌、民族器乐、曲艺(即"说唱")音乐、戏曲音乐。

一、中国传统音乐

(一)中国传统音乐的线条之美

中国传统音乐也是突出体现了线条美的中国传统艺术之一,它的线条形式是显而易见的。首先,以旋律见长是中国传统主流音乐的表现形式。中国传统音乐是以单音线条感而存在的音乐,使用宫、商、角、徵、羽五声音阶为基本音阶,到宋时有了六声音阶,加入了变宫和清角❶。中国音乐线条式的单音旋律成为描绘自然物象声响,刻画音乐形象以及表达作曲者思想精神的最直接、最基本的表现手法。中国古典音乐作品多以独奏独唱形式表现,即便有多种乐器和人声同时演绎,也仅是平行旋律线的重叠,没有西方音乐的和声织体感。中国传统乐器在独奏时更能完全自由流畅地抒情表意,多种乐器同时奏响,往往会导致音响的异化和杂乱,失去原有的神韵和美感。

其次,中国传统音乐线条是自由曲线状态。我们的传统记谱法工尺谱就没有西方五线谱的精准。但恰恰给了表演者更多的自由,为更好更丰富地传播作品思想内涵提供了条件。自由曲线中多种进行方式的综合使用,使旋律线条更加的自由和极具张力。中国传统音乐在创作构思表现手法时,综合运用主音模式、音中留白、散慢节奏、自由长音等,循序渐进地叙述音乐事件、塑造音乐形象、表达思想情感。中国音乐可以叙事和描摹事物,它以线条节奏的变化表达情节情感的曲折深邃。在音乐中,旋律线条的不间断性正是对人类情感的连续不断的准确描绘,我们在音乐中所关注到的休止符的简短间断,只是为了特殊情感的表达,"音断意连",音乐有声无形,却与有形无声的书法绘画等艺术同样和谐。

中国传统音乐审美心理感受上,讲究神韵、追求虚空感,情感内敛、含蓄、容忍。与书法绘画一样,中国音乐旋律线条在所表达的情感上具有模糊和不确定性,音乐的表现性让我们无法准确地去听到自然流水、空中鸟鸣或是风过林间的确切声响,但却能让人感受深刻相思,抑或愉悦、悲伤、哀痛之情。欣赏者需要用心去体会旋律暗示的意境和音乐的情感世界,并随着旋律的起伏变化、轻重缓急去体味情绪的细微变化。

(二)中国传统音乐经典

1. 古筝名曲《高山流水》

春秋战国时代,郑国人列御寇在《列子·汤问》中记载,"伯牙善鼓琴,钟子期善听。

---

❶ (宋)蔡元定.《律吕新书》(墨海金壶本)。

伯牙鼓琴,志在登高山,钟子期曰:'善哉,峨峨兮若泰山。'志在流水,钟子期曰:'善哉,洋洋兮若江河。'……"

《高山流水》是一首著名的古筝曲,旋律典雅,韵味隽永。清脆悠扬的琴声将高山与流水之景生动地展现在人们眼前。欣赏古筝曲如同欣赏一幅水墨画,而《高山流水》更是把这幅画勾勒到了极致。聆听音乐,如临画中:高山之巍巍,流水之洋洋……乐曲开始的部分旋律若隐若现,飘忽不定,好似伫立在高山之巅,云雾缭绕,有飘飘欲仙之感。渐渐乐曲节奏开始轻快,犹如"淙淙铮铮,幽间之寒流;清清冷冷,松根之细流"。悉心聆听,愉悦之感油然而生。旋律如歌,正是"其韵扬扬悠悠,俨若行云流水"。乐曲的高潮部分旋律则跌宕起伏,紧接着是急促的流水声,在其上方又奏出一个递升递降的音调,两者巧妙地结合,真似"极腾沸澎湃之观,具蛟龙怒吼之象。息心静听,宛然坐危舟过巫峡,目眩神移,惊心动魄,几疑此身已在群山奔赴,万壑争流之际矣"。乐曲渐渐平静下来,接近尾声。犹如轻舟已过,水未平,泛起层层涟漪。接着又重复了前面如歌的旋律,节奏快而有力,充满热情。又似流水复起,激浪拍岸穷。到了尾声部分,旋律由下向上,富于激情,流水复起之势未减,令人回味无穷,沉浸于"洋洋乎,诚古调之希声者乎"之思绪中。

2. 二胡名曲《二泉映月》

《二泉映月》是中国民间音乐家华彦钧(阿炳)的代表作。作品于 20 世纪 50 年代初由音乐家杨荫浏先生根据阿炳的演奏,录音记谱整理,灌制成唱片后很快风靡全国。这首乐曲自始至终流露的是一位饱尝人间辛酸和痛苦的盲艺人的思绪情感,作品展示了独特的民间演奏技巧与风格,以及无与伦比的深邃意境,显示了中国二胡艺术的独特魅力,拓宽了二胡艺术的表现力,曾获"20 世纪华人音乐经典作品奖"。

在这忧伤而又意境深邃的乐曲中,不仅流露出伤感怆然的情绪和昂扬愤慨之情,而且寄托了阿炳对生活的热爱和憧憬。全曲将主题进行时而沉静、时而躁动的变奏,使得整首曲子时而深沉、时而激扬,同时随着音乐本身娓娓道来的陈述、引申和展开,使阿炳所要表达的情感得到更加充分的抒发,深刻地展开了阿炳一生的辛酸苦痛,不平与怨愤,同时也表达了他内心的一种豁达以及对生命的深刻体验。

《二泉映月》是作曲家一生的痛苦哀怨生活的写照,全曲以深沉内敛自制的语言,静静地讲述着作者一生的故事。全曲一开头的休止正是线条的凭空抛出,表达欲说还休的艰难,引出一段断肠、曲折的生命历程。

3. 河南筝曲《渔舟唱晚》

《渔舟唱晚》是一首颇具古典风格的河南筝曲。乐曲描绘了夕阳映照万顷碧波,渔民悠然自得,渔船随波渐远的优美景象。这首乐曲是 20 世纪 30 年代以来,在中国流传最广、影响最大的一首筝独奏曲。

《渔舟唱晚》以歌唱性的旋律,形象地描绘了夕阳西下,晚霞斑斓,渔歌四起,渔夫满载丰收的喜悦欢乐情景,表现了作者对祖国美丽河山的赞美和热爱。乐曲的前半部分(第一段),乐句与乐句基本上是上下对答的"对仗式"结构,给人结构规整之感;乐曲的后半部分(第二、三段),则运用递升、递降的旋律和渐次发展的速度、力度变化,表现了百舟竞归的热烈情景。

二、中国传统舞蹈

舞蹈,是通过有节奏的、经过提炼和组织的人体动作和造型,来表达一定的思想感情的艺术。正如闻一多在《说舞》中所言:"舞是生命情调最直接、最实质、最强烈、最尖锐、最单纯而又最充足的表现。"舞蹈总是与人类最热烈的感情联系在一起。

(一)中国传统舞蹈的发展历程

从蒙昧的上古时代开始,中国传统舞蹈经过了多个阶段的发展和演变,逐渐形成了具有中国独特形态和神韵的东方舞蹈艺术。

中国舞蹈发源于上古时期。原始乐舞充满神秘色彩,因其特点是以歌、舞、乐三者融为一体的表现形式,故后人统称其为"原始乐舞"。原始乐舞基本上分为两类:一类是以反映部落的生产和生活方式为代表的音乐,如"朱襄氏之乐"说的是因干旱求雨的事;"阴康氏之乐"是健身驱湿的乐舞;"伊耆氏之乐"反映出先民以"腊祭"祈求丰收的愿望;"葛天氏之乐"勾画出先民进入农业生产阶段的生活图景等。另一类则是与传说中的古代帝王密切相关的音乐,如歌颂黄帝、颛顼、帝喾、帝尧、帝舜和夏禹功绩的乐舞。

先秦时期舞蹈从自娱、全民性的活动,部分地进入表演艺术领域,并且出现了最早的专业舞人——乐舞奴隶,标志着舞蹈艺术取得了进步。

礼乐教化西周时期。西周初年制礼作乐,汇集整理了从远古到周初歌颂对推动人类进步有贡献领袖的乐舞,如黄帝的《云门》、尧的《咸池》、舜的《大韶》、禹的《大夏》、商汤的《大濩》以及歌颂武王伐纣的《大武》,合共六舞,史称《六代舞》,分文舞、武舞两大类。周代将这些乐舞用于礼仪祭祀。各种不同等级的人用不同规模的乐舞,等级严明,不容僭越。同时又编制《六小舞》,用以教育国子(即贵族子弟,当时只有贵族子弟才有受教育的权利),可说是中国最古老的舞蹈教材。自此以后,雅乐舞体系建立。

雅乐舞一直延续到清代,各朝各代均按本朝歌功颂德的需要而增删、编制。直至现在,日本、韩国以及东南亚一带仍保存了从中国大陆传去的雅乐舞。有的地区用于祭礼,有的地区按自己国家的需要加以改编。流传到韩国的雅乐用于祭礼,1995年,韩国的祭礼乐舞被联合国教科文组织认定为"世界文化遗产"。中国的山东曲阜孔庙,至今仍用雅乐祭祀孔子,是旅游观光的项目之一。

东周时期民间舞蹈的蓬勃兴盛。西周初年建立的雅乐舞体系,在短时期的辉煌后,出现了"礼崩乐坏"的局面。千姿百态的民间舞蓬勃兴起,人们不分寒冬酷暑,都醉心于歌舞。以扭腰出胯为特征的舞姿已清晰地呈现出来,以轻盈、飘逸、柔曼为美的审美意识亦已明确地显示出来。这样的审美特征对后世产生了深远影响,一直传承至今。

汉朝开始百戏纷呈。此时包括舞蹈在内的文化艺术发展到一个新的水平。汉代盛行《百戏》,是多种民间技艺的串演,包括杂技、武术、幻术、滑稽表演、音乐演奏、舞蹈等,深受人民的喜爱。著名的节目有《东海黄公》《总会仙倡》等。

魏晋南北朝时期,由于民族迁徙杂居,文化交流频繁,出现了各民族乐舞的大交流时代。随着西北地区少数民族内迁,大量西域乐舞传入中原,如影响颇大的龟兹(今新疆库车一带)乐舞,大约是在公元384年传入中原的。由于其欢快的调子、鲜明的节奏,非常适于舞蹈伴奏,深受人们欢迎,因而北周和隋唐时代的众多舞曲都加以采用。此外,如天竺(今印度)、高丽(今朝鲜半岛)等地的乐舞,也是这个时候传入中国的。

南朝盛行《清商乐》,是汉朝和魏晋南北朝时期流传在汉族地区的传统音乐和舞蹈。南朝除盛行《清商乐》外,北方的"胡乐""胡舞"也不断传到南方。

唐代是中国文化蓬勃发展的时期,唐代的舞蹈艺术也得到高度的发展。唐代宫廷设置的各种乐舞机构,如教坊、梨园、太常寺,集中了大批各民族的民间艺人,使唐代舞蹈、音乐成为吸收异族文化精华的载体,反映出唐人自信而又宽怀的恢宏气量。

宋代是中国乐舞文化史上一个重要的转折阶段。这一时期,开封、临安等大城市商业繁华,交通畅达,促使城市文娱生活的兴盛,民间文学、艺术有很大的发展,乐舞文化亦出现新的生机。在大城市中,有许多叫"瓦子"的地方,瓦子内栏成一个个的圈子叫"勾栏",是专门表演各种技艺的固定场所,表演项目包括杂技、说书、皮影、傀儡戏、舞剑、舞砍刀以及舞旋等。其中的民间舞蹈及舞蹈性较强的歌舞节目深受市民欢迎,在中国舞蹈史上占有一席之地。

(二)经典乐舞赏析

1. 中国古典舞的特点

中国古典舞亦是强调线条的艺术。舞蹈是运动的,在舞台上,运动是有路线的。舞台上的线性调度以曲线为主、直线为辅,包括横线、竖线、斜线、折线和"之"字线、波浪线、蛇形线、螺形线等诸多样式。舞台调度亦高度强调线条美观和以曲线为核心的流线型的律动感。整个舞蹈不但要求舞者姿态的"辗、拧、扭、转",亦要在运动过程中处理好力度、速度,以及眼神、肢体线条上的延伸,将舞蹈表现得行云流水般完整流畅。舞蹈服饰亦要配合舞蹈线条艺术美的特征。"长袖"正是舞者肢体曲线柔韧的有力补充。中国古典音乐是中国古典舞的灵魂。所有舞蹈都是围绕音乐节奏而进行的,当中国古典音乐单音旋律线条以轻慢的节奏展开时,舞蹈必然放慢出舒缓的线条;反之,舞者的线条就会加快。音乐与舞蹈的结合,带领观众从听觉到视觉对中国艺术线条美达到完美的统一。

2.《霓裳羽衣曲》

《霓裳羽衣曲》在唐宫廷中倍受青睐,在盛唐时期的音乐舞蹈中占有重要的地位。描写的是唐玄宗向往神仙而去月宫见到仙女的神话,其舞、其乐、其服饰都着力描绘虚无缥缈的仙境和舞姿婆娑的仙女形象,给人以身临其境的艺术感受。

音乐采用古老的《长安鼓乐》作素材,舞蹈吸收了陕西和敦煌壁画的某些舞姿造型,采取唐大曲结构形式。全曲共36段,分散序(六段)、中序(十八段)和曲破(十二段)三部分。散序为前奏曲,全是自由节奏的散板,由磬、箫、筝、笛等乐器独奏或轮奏,不舞不歌;中序又名拍序或歌头,是一个慢板的抒情乐段,中间也有由慢转快的几次变化,按乐曲节拍边歌边舞;曲破又名舞遍,是全曲高潮,以舞蹈为主,繁音急节,乐音铿锵,速度从散板到慢板再逐渐加快到急拍,结束时转慢,舞而不歌。白居易称赞此舞的精美:"千歌万舞不可数,就中最爱霓裳舞。"

《霓裳羽衣曲》表明唐代大曲已有了庞大而多变的曲体,其艺术表现力显示了唐代宫廷音乐所取得的巨大成就。其乐队通过白居易的《霓裳羽衣歌 和微之》可看出《霓裳羽衣曲》伴奏采用了磬(唐代指铜钵)、筝、箫、笛、箜篌、筚篥、笙等金石丝竹,乐声"跳珠撼玉"般令人陶醉。

第五节　中国传统园林艺术

中国传统建筑典型代表之一的园林艺术,亦是将线条运用到极致。如果说传统建筑的中轴线显得太严肃、刻板,园林中的曲线运用则给人柔和、温暖、自由之美感。中国园林是山水花木的精巧结合,一个小小的园林浓缩了自然人文与诗意。任何园林的设计都以曲线路径为基础,环绕通幽的曲径与山石亭台的结合,配以繁花异草,绿树花墙,一步一景,每一步停留都是自然宇宙的缩影。园林的地势没有坡度,亦无悬崖,却也逶迤起伏,所有的景观都在这流动的曲线上。无论是水体的设计还是长廊都是曲线条的,景观的远近层次都消融在这一条条曲线中,仿佛一首婉转抒发的乐曲。

一、中国传统园林艺术特点

中国的园林艺术源远流长。不同地域和民族其建筑艺术风格等各有差异,但其传统建筑的组群布局、空间、结构、建筑材料及装饰艺术等方面却有着共同的特点。

①结构形式:中国古建筑以木材、砖瓦为主要建筑材料,以木构架结构为主要的结构方式。②建筑装饰使用彩绘和雕饰装饰风格。③建筑色彩在中国建筑文化中也是一种象征"符号"。比如,明清北京皇家建筑,其基本色调突出黄红两色,黄瓦红墙成为基本特征,而且黄瓦只有皇家建筑或帝王敕建的建筑才能使用。④建筑与环境:中国古建筑在建筑与环境的配合和协调方面有着很高的成就。不仅考虑建筑物内部环境主次之间、相互之间的配合与协调,而且也注意到它们与周围大自然环境的协调。⑤中国传统建筑是"以人为本"的建筑。历来中国人都非常注重把人和现实生活寄托于理想的现实世界。中国传统建筑考虑"人"在其中的感受,更重于"物"本身的自我表现。这种人文主义的创作方法有着其深厚的文化渊源。尤其值得提出的是,在论及审美行为时西方人偏于写实,重在形式的塑造,中国人偏于抒情,重在意境的创造;西方人偏于现实美的享受,中国人偏于理想美的寄托。这种理想美的寄托,渗透到各个门类的艺术中,也渗透到建筑艺术中。从宏观的规划到单体建筑的装修、装饰,都可看到对理想美的追求。如皇家建筑中的龙凤雕饰,以及各地建筑上以"吉祥如意"为主题的"福、禄、寿、喜"及诗画装饰等都充分体现了中国建筑是以人为中心,反映了人们对美好生活的憧憬。

二、中国传统园林艺术发展历程

1. 创始阶段

以定居为基础的新石器时代,是我国古代建筑艺术的萌生时期。由于自然条件的不同,黄河流域及北方地区流行穴居、半穴居及地面建筑;长江流域及南方地区流行地面建筑及干栏式建筑。在商代,已经有了较成熟的夯土技术,建造了规模相当大的宫室和陵墓。西周及春秋时期,统治阶级营造很多以宫市为中心的城市。原来简单的木构架,经商周以来的不断改进,已成为中国建筑的主要结构方式。瓦的出现与使用解决了屋顶防水问题,是中国古建筑的一个重要进步。商代末年,商纣王大兴土木。周朝的建筑较之殷商更为发达,尤其技术进步很大,开始用瓦盖屋顶。此时,建筑以版筑法为主,其屋顶如翼,木柱架构,庭院平整,已具一定法则。在陕西岐山凤雏村发现了西周早期宫殿遗址,在扶风召陈村有西周中晚期的建筑遗址。"上古穴居而野处,后世圣人易之以宫室,上栋下宇,以避风雨"。人类从穴居到发明三尺高的茅屋再到建筑高大宫室,从原始本能的遮风避雨到崇尚表现高大雄伟的壮美之感,艺术也是随着人类生产力的不断提高和经济的发展而不断进步的。

2. 成型阶段

这一阶段处于封建社会初期,从春秋直到南北朝。其中春秋、战国是这一阶段的序曲;秦、汉是主题,是中国古代建筑发展史的第一个高峰;三国、两晋是第一高峰的余脉;南北朝是下一阶段,即成熟阶段的序曲。

在这一阶段中国古代建筑体系已经定型。在构造上,穿斗架、叠梁式构架、高台建筑、重楼建筑和干栏式建筑等相继确立了自身体系,并成了日后两千多年中国古代木构建筑的主体构造形式。在类型上,城市的格局、宫殿建筑和礼制建筑的形制、佛塔、石窟寺、住宅、门阙、望楼等都已齐备。

战国时期,城市规模比以前扩大,高台建筑更为发达,并出现了砖和彩画。秦汉时期,木构架结构技术已日渐完善,其主要结构方法——抬梁式和穿斗式已发展成熟,高台建筑仍然盛行,多层建筑逐步增加。石料的使用逐步增多,东汉时出现了全部石造的建筑物,如石祠、石阙和石墓。

秦始皇统一六国后,开始了中国建筑史上首次规模宏大的工程,这便是上林苑、阿房宫。此外,又派蒙恬率领三十万人"筑长城,固地形,用制险塞"。从中我们可以看到,秦作为一个统一的大帝国在中国建筑历史上所表现出来的气派。中国建筑从一开始就追求一种宏伟的壮美。

汉代建筑规模更大,到汉武帝之时更是大兴宫殿、广辟苑囿,较著名的建筑工程有长乐宫、未央宫等。汉宫殿突出雄伟、威严的气势,后苑和附属建筑却又表现出雅致、玲珑的柔和之美,这与秦相比显然又有了很大的艺术进步。

魏晋南北朝佛教盛行,给中国建筑艺术蒙上一层神秘的色彩。寺庙建筑大盛,值得一提的是,北朝不仅寺庙建筑众多而且依山开凿石窟,造佛像、刻佛经,今天我们仍可见的云冈石窟、龙门石窟都是中国及世界建筑史上的奇观。

3. 成熟阶段

这是中国古代建筑达到顶峰的时代,也是中国古代各民族间建筑第二次大融合的年代。这一历史阶段又可分为前半期、后半期。前半期包括隋、唐两个朝代,后半期包括五代、宋、辽、金各朝。隋唐建筑气势雄伟、粗犷简洁、色彩朴实;而以两宋为代表的建筑风格趋于精巧华丽、纤缛繁复,色彩"绚丽如织绣"。

这一历史时期的建筑成就表现在建筑类型更为完善,规模极其恢宏;在建筑设计和施工中广泛使用图样和模型;建筑师从知识分子和工匠中分化出来成为专门职业;建筑技术上又有新发展并趋于成熟——组合梁柱的运用,材分模数制的确立,铺作层的形成。此外,这一时期还留下了为数众多的伟大建筑。唐朝的城市布局和建筑风格规模宏大,气魄雄浑。隋唐兴建的长安城是中国古代最宏大的城市,唐代增建的大明宫,特别是其中的含元殿,气势恢宏而高大雄壮,充分体现了大唐盛世的时代精神。此外,隋唐时期还兴建了

一系列宗教建筑,以佛塔为主,如玄奘塔、香积寺塔、大雁塔等。在建筑材料方面,砖的应用逐步增多,砖墓、砖塔的数量增加;琉璃的烧制比南北朝进步,使用范围也更为广泛。

在建筑技术方面,也取得很大进展,木构架的做法已经相当正确地运用了材料性能,出现了以"材"为木构架设计的标准,从而使构件的比例形式逐步趋向定型化,并出现了专门掌握绳墨绘制图样和施工的都料匠。建筑与雕刻装饰进一步融合、提高,创造出了统一和谐的风格。这一时期遗存下来的殿堂、陵墓、石窟、塔、桥及城市宫殿的遗址,无论布局或造型都具有较高的艺术和技术水平,雕塑和壁画尤为精美,是中国封建社会前期建筑的高峰。由此中国传统建筑文化发展到高潮。

4. 程式化阶段

这一阶段指元、明、清。这一历史阶段里重要的建筑活动和变革有:元大都,明、清北京城的兴建,这是中国古代封建帝都建设的总结与终结;木构造技术的变革——拼合梁柱的大量使用、斗拱作用的衰退、模数制的进一步完成促使设计标准化、定型化以及砖石建筑的普及;施工机构的双轨制及设计工作的专业化;个体建筑形制的凝固,总体设计的发达。

这一时期建筑遗存十分丰富,重要的有明、清北京城,故宫和一些大型的皇家园林,众多的私家园林及许多著名的寺观建筑。

三、经典传统园林艺术作品赏析

1. 中国传统园林艺术欣赏关注点

中国传统园林艺术是中国历史悠久的传统文化和民族特色的最精彩、最直观的传承载体和表现形式。在欣赏中应关注大气、生气、富丽及重山林风水的特点。

大气体现在大门、大窗、大进深、大屋檐,给人以舒展的感觉。大屋檐下形成的半封闭的空间,既遮阳避雨,起庇护作用,又视野开阔,直通大自然。大气,最充分地体现了中国传统建筑"天人合一"的思想。

生气体现在四角飞檐翘起,或扑朔欲飞,或者翘立欲飘,让建筑物(包括塔、楼)的沉重感显得轻松,让凝固显得欲动。若"大气"产生于理,则"生气"产生于情。情越浓,艺术性越强。中国传统建筑造型的艺术性是任何其他民族不能比拟的。而西方传统建筑的艺术性不在建筑物本身,而在其附着的雕塑或绘画——观赏艺术,无法给建筑物自身带来生气。

富丽体现在琉璃材料的使用。它寿命长,颜色鲜艳,在阳光下耀眼夺目,在各种环境中富丽堂皇。其较高的成本,象征着财富和地位。

可见,大气、生气、富丽三者,既有其特定的行色,又有其丰硕的内涵,三者结合形成了中国建筑的传统。

上述三个特点,仅指建筑物本身,未及其环境。若包容环境,中国建筑的传统性还有第四个特点——重山林风水。中国历代的职业风水先生,去除迷信成分,可称得上是选址专家。有山,易取其势,视野开阔,排水顺畅;有林,易取其物,苍柴丰盛,鸟鸣果香;有风,易得其动,空气清新,消暑灭病;有水,易得其利,鱼虾戏跃,鹅鸭成群。故此,若靠山面水,侧有良田沃土,阳光充沛,兼有舟楫之便,当然是公认的益于人类生存的最佳选址。中国传统建筑不仅重自然的山林风水,也重人工的山林风水,让人工的与自然的谐调,院内的与院外的衔接造成"天上人间"之境,使人产生"此中有真意,欲辨已忘言"的心旷神怡之感。

中国传统建筑的第四个特点,更加体现了"天人合一"的思想,这一思想恰恰与现代人"回归大自然"的欲望相吻合。可见,重山林风水的传统思想必将在现代建筑设计中得以发扬、发展,以创造优美的建筑环境,实现大自然的回归。

2. 经典园林艺术欣赏

1) 皇家林园——故宫

故宫位于北京市中心,也称"紫禁城"。这里曾居住过 24 个皇帝,是明清两代(1368—1911)的皇宫,现为"故宫博物院"。故宫的整个建筑金碧辉煌,庄严绚丽,被誉为世界五大宫之一(北京故宫、法国凡尔赛宫、英国白金汉宫、美国白宫、俄罗斯克里姆林宫),并被联合国教科文组织列为"世界文化遗产"。

故宫摄影图

故宫的宫殿建筑是中国现存最大、最完整的古建筑群,总面积达 72 万多平方米,传说有殿宇宫室 9 999 间半,被称为"殿宇之海",气魄宏伟,极为壮观。无论是平面布局,立体效果,还是形式上的雄伟堂皇,都堪称无与伦比的杰作。

一条中轴贯通着整个故宫,这条中轴又在北京城的中轴线上。三大殿、后三宫、御花园都位于这条中轴线上。在中轴宫殿两旁,还对称分布着许多殿宇,也都宏伟华丽。这些宫殿可分为外朝和内廷两大部分。外朝以太和、中和、保和三大殿为中心,文华、武英殿为两翼。内廷以乾清宫、交泰殿、坤宁宫为中心,东西六宫为两翼,布局严谨有序。故宫的四个城角都有精巧玲珑的角楼,建造精巧美观。宫城周围环绕着高 10 米,长 3 400 米的宫墙,墙外有 52 米宽的护城河。

现在,故宫的一些宫殿中设立了综合性的历史艺术馆、绘画馆、分类的陶瓷馆、青铜器馆、明清工艺美术馆、铭刻馆、玩具馆、文房四宝馆、玩物馆、珍宝馆、钟表馆和清代宫廷典章文物展览等,收藏有大量古代艺术珍品,据统计共达 1 052 653 件,占中国文物总数的六分之一,是中国收藏文物最丰富的博物馆,也是世界著名的古代文化艺术博物馆,其中很

第四章 中国传统艺术与水文化

多文物是绝无仅有的无价国宝。

2）苏州园林之拙政园

拙政园名冠江南，胜甲东吴，是中国的四大名园之一，苏州园林中的经典作品。

拙政园摄影图

拙政园独具个性的特点主要有：

因地制宜，以水见长。据《王氏拙政园记》和《归田园居记》记载，园地"居多隙地，有积水亘其中，稍加浚治，环以林木"，"地可池则池之，取土于池，积而成高，可山则山之。池之上，山之间可屋则屋之"。充分反映出拙政园利用园地多积水的优势，疏浚为池，望若湖泊，形成荡漾渺弥的个性和特色。拙政园中部现有水面近六亩，约占园林面积的三分之一，"凡诸亭槛台榭，皆因水为面势"，用大面积水面造成园林空间的开朗气氛，基本上保持了明代"池广林茂"的特点。

疏朗典雅，天然野趣。早期拙政园，林木葱郁，水色迷茫，景色自然。园林中的建筑十分稀疏，仅"堂一、楼一、为亭六"而已，建筑数量很少，大大低于今日园林中的建筑密度。竹篱、茅亭、草堂与自然山水融为一体，简朴素雅，一派自然风光。拙政园中部现有山水景观部分，约占据园林面积的五分之三。池中有两座岛屿，山顶池畔仅点缀几座亭榭小筑，景区显得疏朗、雅致、天然。这种布局虽然在明代尚未形成，但它具有明代拙政园的风范。

庭院错落，曲折变化。拙政园的园林建筑早期多为单体，到晚清时期发生了很大变化。首先表现在厅堂亭榭、游廊画舫等园林建筑明显的增加。中部的建筑密度达到了16.3%。其次是建筑趋向群体组合，庭院空间变幻曲折。如小沧浪，从文征明《拙政园图》中可以看出，仅为水边小亭一座。而八旗奉直会馆时期，这里已是一组水院。由小飞虹、得真亭、志清意远、小沧浪、听松风处等轩亭廊桥依水围合而成，独具特色。水庭之东还有一组庭园，即枇杷园，由海棠春坞、听雨轩、嘉实亭三组院落组合而成，主要建筑为玲珑馆。在园林山水和住宅之间，穿插了这两组庭院，较好地解决了住宅与园林之间的过渡。同时，对山水景观而言，由于这些大小不等的院落空间的对比衬托，主体空间显得更加疏朗、开阔。

除了以上所述的中国书法、舞蹈、绘画、建筑，还有诸如中国雕塑、彩绘等传统艺术形式亦具有高度的中国传统文化色彩。而文化的渊源离不开自然。水是生命之源，水文化滋养着各种文化艺术，浸润着人类文明之花。

第五章　与时俱进的治水思想

建党90多年的历史,也是我们党领导人民兴水利、除水害、促发展、惠民生的历史。早在1934年,毛泽东同志就提出"水利是农业的命脉"。中华人民共和国成立后,党和国家动员亿万人民群众,整治山河,除害兴利,掀起了大规模群众性治水热潮,初步奠定了我国水利事业发展的基础。改革开放以后,国家明确水利是"国民经济和社会持续稳定发展的重要基础和保障",水利体制机制发生重大变革,大江大河治理明显加快,水利法治建设迈出重要步伐,水利改革发展进入了新的时期。新世纪以来,党中央、国务院把水资源同粮食、石油一起作为国家的重要战略资源,从支撑经济社会可持续发展的战略高度把水利放在更为突出的位置,水利投入大幅度增加,水利基础设施建设大规模展开,水利改革不断向纵深推进,水利事业全面快速发展,进入了传统水利向现代水利、可持续发展水利转变的新阶段。

与时俱进的治水思想在中华人民共和国水利建设中发挥了巨大的指导作用。中华人民共和国历代中央领导集体,始终把水利建设放在极其重要的战略地位,为中国水利事业的发展指明了方向。从苏维埃政权时期毛泽东同志提出的"水利是农业的命脉"的主导认识,到改革开放以后党中央国务院对"水利基础设施"的定位;从中华人民共和国成立时"蓄泄兼筹""统筹兼顾""除害与兴利相结合""治标与治本相结合"的治水方略,到新时期"封育保护""退田还湖"等一系列强调人水和谐的治水理念;从对水的一般属性认识,到党的会议文件中水是"经济资源""战略资源""环境控制要素"等一系列表述;从改革开放前强调主要"为农业丰收做贡献"到"保障经济发展用水"的侧重点,再到最近十年"充分考虑水资源承载能力和水环境承载能力""以水资源的可持续利用保障经济社会的可持续发展"的指导思想,都体现了中华人民共和国在实践中尊重自然、认识规律、与时俱进的治水思想。

第一节　以单目标开发为主的大规模水利建设时期

早在瑞金时期,毛泽东就提出"水利是农业的命脉"。中华人民共和国成立,国家经济建设百废待兴,水旱灾害频繁,解决大江大河严重洪灾的威胁,控制水旱灾害,是保证经济建设和人民生命财产安全的首要而紧迫的任务。同时为解决最基本的吃饭问题,应对中国多变干旱气候,农田水利基础设施建设的需要也非常紧迫。以防洪和灌溉为代表的安全性需求是这一阶段水利发展的主要需求。

一、大江大河的治理

中华人民共和国成立之前,国贫民弱,山河破碎,水系紊乱,河道长期失治,堤防残破不堪,水利设施寥寥无几,残缺不全。偌大的国土上只有22座大中型水库和一些塘坝、小型水库,江河堤防仅4.2万公里,几乎所有的江河都缺乏控制性工程。频繁的水旱灾害使百姓处于水深火热之中。中华人民共和国成立后,国家相继开展了对淮河、海河、黄河、长江等大江大河大湖的治理。治淮工程、长江荆江分洪工程、官厅水库、三门峡水利枢纽等一批重要水利设施相继兴建,掀开了中华人民共和国水利建设事业的新篇章。

政务院关于治理淮河的决定

(一九五〇年十月十四日)

今年淮河流域,因洪水特大,造成严重水灾,豫皖境内受灾面积,约略估计达四千余万亩,灾民一千三百万人。遵照毛主席根治淮河的指示,由水利部召集华东区与中南区水利部,淮河水利工程总局,及河南、皖北、苏北三省区负责干部,分析水情,反复研讨,拟定治理淮河方针及一九五一年应办的工程,经向本院汇报后,决定如下:

毛泽东关于治理淮河的指示

(一)关于治理淮河的方针,应蓄泄兼筹,以达根治之目的。上游应筹建水库,普遍推行水土保持,以拦蓄洪水发展水利为长远目标,目前则应一方面尽量利用山谷及洼地拦蓄洪水,一方面在照顾中下游的原则下,进行适当的防洪与疏浚。中游蓄泄并重,按照最大洪水来量,一方面利用湖泊洼地,拦蓄干支洪水,一方面整理河槽,承泄拦蓄以外的全部洪水。下游开辟入海水道,以利宣泄,同时巩固运河堤防,以策安全。洪泽湖仍作为中下游调节水量之用。淮河流域,内涝成灾,亦至严重,应同时注意防止,并列为今冬明春施工重点之一,首先保障明年的麦收。

(二)根据上述的方针,一九五一年应先行举办下列的工程:

上游,低洼地区临时蓄洪工程,蓄洪量应超过二十亿公方。整理淮、洪、汝、颍、双洎各河河道,包括堵口复堤,放宽堤距及疏浚,以防泛滥。低洼地区配合麦作期排水需要,择要举办沟洫涵闸工程。塘坝谷坊,先行试办,筹划推广。山谷水库尽速进行测勘研究,争取早日兴工。

中游,湖泊洼地蓄洪工程,蓄洪量应争取五十亿公方。正阳关以上,淮河干堤,按最大洪水设计,堵口复堤,部分退建。正阳关以下,北堤高度应按最大洪水设计,在必要修筑遥堤地段,其原堤堤顶高度平于一九五〇年洪水位。南堤堤顶高度,除正阳关、蚌埠、淮南煤矿三地区,应按最大洪水设计外,其余暂以平于一九三一年洪水位为原则。干支流低水河槽的淤塞部分,在照顾下游原则下,进行疏浚。阜阳宿县两专区配合麦作期排水需要,择要开辟沟洫,修建涵闸。濉河上游蓄洪及整理河道,应配合同时举办。

下游应即进行开辟入海水道,加强运河堤防,及建筑三河活动坝等工程。入海水道工程浩大,一九五一年先完成第一期工程,一九五二年汛期放水。在入海水道辟成放水前,仍暂以入江水道为泄水尾闾,洪泽湖入江最高泄量暂以八千五百秒公方为度。万一如遇江淮并涨,水位过高,仍开归海坝,以保运堤安全。运河入江水道及里下河入海港道部分疏浚工程,亦应配合举办。

(三)为确保豫皖苏三省的安全,上述各项工程的设计施工,与先后缓急,均须作到互相配合,互相照顾。因此上中游蓄洪工程,应就技术与准备的可能,尽速举办,并争取增加蓄洪容量。下游入海水道,应早日完成选线设计,并根据长远利益,研究确定入江入海流量之分配,以避免临时性工程中发生不必要的浪费。关于干支各河洪水流量之估计,亦应继续搜集资料,进行更为精确的推算,以求各项工程的经济与安全

(四)为加强统一领导,贯彻治淮方针,应加强治淮机构,以现有淮河水利工程总局为基础,成立治淮委员会,由华东、中南两军政委员会及有关省、区人民政府指派代表参加,统一领导治淮工作,主任、副主任及委员人选由政务院任命,下分设河南、皖北、苏北三省、区治淮指挥部。另设上、中、下游三工程局,分别参加各指挥部为其组成部分。

(五)关于工程经费,目前暂时不作决定,应由治淮委员会会同各地区,尽速根据实际情况,补充勘测,负责提出切实可靠之工程计划与财务计划,并由地方行政机关及水利机关负责人共同签字,经中央人民政府水利部转请政务院财政经济委员会核定。土方单价尤须作合理规定,以求提高效率,避免浪费。

(六)全部治淮计划与工程的实施,皆以根治淮河水灾为目的,今冬明春的工程,应在保证工程标准与完成工程任务的条件下,以工代赈,与救灾工作相结合。凡属重要的、上、下游密切相关的,或技术性较高的工程,均须依照前项规定,经过查勘设计于批准后再行动工。至于局部性的工程,在根治计划范围以内者,可以责成治淮委员会及各地区人民政府商定后先行施工。为配合当前以工代赈需要,并可先拨一部粮款。

【解读】

中华人民共和国大规模的治水事业是从治理淮河起步的。治理淮河工程是中华人民共和国成立后建设的第一个全流域、多目标的大型水利工程。毛泽东先后四次对淮河治理作出批示,并发出"一定要把淮河修好"的号召;周恩来亲自部署召开第一次治淮会议,研究制定了"蓄泄兼筹"的治淮方略,实现了中国治水思想的重大革命,使根治淮河工作有了可靠的政策保证。从1950年冬开始,党和人民政府组织实施了治理淮河的三期工程建设项目,有计划、有目的地对淮河流域进行从点到面的综合治理,遏制了淮河水患,取得了举世瞩目的建设成就。

二、水资源开发

中华人民共和国成立后,伴随着经济和人口增长,水利发展的经济性需求开始逐步增长。其中,生产生活用水需求不断增长,能源需求增长推动水电的开发。长江三峡西起四川奉节白帝城,东至湖北宜昌南津关,全长192公里。它蕴藏着十分丰富的水能资源,同时又是长江防洪的关键所在。最早提出拦长江三峡筑坝设想的是民主革命先驱、中华民国创始人孙中山先生,他在民国初期,就在《建国方略》里预想过建设三峡工程,但那时的

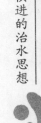

中国,积贫积弱,根本无力建设这样的浩大工程。国民党蒋介石统治时期的20世纪40年代,开始对三峡工程进行论证和初步设计,但终因战乱频仍、资金短缺等问题,这项工作于1947年5月被迫中断。三峡工程的重任历史性地落到共产党人身上。

中共中央关于三峡水利枢纽和长江流域规划的意见

（一九五八年三月二十五日成都会议通过,同年四月五日政治局会议批准）

成都会议大组会议在一九五八年三月二十三日讨论了周恩来同志关于三峡水利枢纽和长江流域规划的报告,会议同意这个报告,并且提出以下几点意见：

（一）从国家长远的经济发展和技术条件两个方面考虑,三峡水利枢纽是需要修建而且可能修建的；但是最后下决心确定修建及何时开始修建,要待各个重要方面的准备工作基本完成之后,才能作出决定。估计三峡工程的整个勘测、设计和施工的时间约需十五年到二十年。现在应当采取积极准备和充分可靠的方针,进行各项有关的工作。

（二）为了便于今后有关的工业、农业、交通等基本建设的安排,并且尽可能地减少四川地区的淹没损失,三峡大坝正常高水位的高程应当控制在二百公尺（吴淞基点以上）,不能再高于这个高程；同时,在规划设计中还应当研究一百九十公尺和一百九十五公尺两个高程,提出有关的资料和论证。

（三）三峡工程的准备工作时期,对美人沱和南津关两个坝址的继续勘测和研究,对一切主要的技术问题和经济问题的探讨,都应当采用展开争论、全面比较论证的方法,以求作出充分可靠的结论；某些重大的技术问题必须作试验研究。三峡水利枢纽和长江流域规划的要点报告应当于一九五八年第二季度交出,三峡工程的规划性设计应当争取于一九五九年交出,初步设计应当争取在一九六二至一九六三年交出。

（四）长江较大洪水一般可能五年发生一次,要抓紧时机分期完成各项防洪工程,其中堤防特别是荆江大堤的加固,中下游湖泊、洼地蓄洪排渍工程等,决不可放松。在防洪问题上,要防止等待三峡工程和有了三峡工程就万事大吉的思想。

（五）长江流域规划工作的基本原则,应当是统一规划,全面发展,适当分工,分期进行。同时,需要正确地解决以下七种关系：远景与近景,干流与支流,上中下游,大中小型,防洪、发电、灌溉与航运,水电与火电,发电与用电（即有销路）；这七种关系必须互相结合,根据实际情况,分别轻重缓急和先后的次序,进行具体安排。三峡工程是长江规划的主体,但是要防止在规划中集中一点,不及其他和以主体代替一切的思想。

（六）由于条件的比较成熟,汉水丹江口工程应当争取在一九五九年作施工准备或者正式开工。

洞庭湖水系的规划问题和两湖间的防洪问题,应当于最近期间由王任重同志负责召集有关省份有关部门的负责同志开会商议,定出方案。四川和贵州水系的规划,鄱阳湖水系的规划,以及安徽和江苏有关长江的防洪、灌溉等问题,都应当分别由地方负责同志召集各有关方面开会研究,定出方案。

（七）为了加强对三峡工程和长江规划的领导,应当正式成立长江规划委员会,委员名单由恩来同志提出,报告中央通过。三峡工程和长江规划中的设计文件,均应经过国家计划委员会会同有关方面审查,报告中央批准。

【解读】

1958 年 2 月 27 日,周恩来率领李富春、李先念两位副总理和一百多位专家和技术人员进行三峡工程考察和选址论证。经过一周的考察,1958 年 3 月在中共中央成都会议上作了关于长江流域和三峡工程的报告,会议通过了《中共中央关于三峡水利枢纽和长江流域规划的意见》。周恩来认为,兴建三峡水利枢纽,当然要涉及全江和整个长江流域,必须要联系到远景与近期的开发、干支流的关系、大中小型工程的结合、上中下游的兼顾,以及水火电的比例等一系列问题,也就必然涉及长江流域的综合利用,整个工业的布置,和电力网的建设等问题,对这几种关系必须互相结合,根据实际情况,分轻重缓急和先后次序,进行具体安排。

第二节　改革开放以来的治水思路转变

改革开放以来,党中央、国务院把水利摆到了国民经济基础设施建设的首位,大幅度增加投入,水利工程建设步伐明显加快,三峡工程、南水北调工程、小浪底、治淮、治太湖等一大批重点水利工程陆续开工兴建。同时,随着经济社会的快速发展,诸多地区缺水、缺安全之水日益成为经济社会发展的瓶颈。到了 20 世纪末,不少江河断流,湖库淤积;一些地区地下水超采,湿地退化;一些水乡围湖造地,侵占河道;一些地方水污染频发……这一幕幕不和谐的景象引起了党中央、国务院的高度重视。"控制洪水向洪水管理转变"到"给水以出路,人才有出路",从工程水利、资源水利到可持续发展水利,几十年的实践,鲜明体现出尊重自然、认识规律、与时俱进的中国特色治水兴水之路。

一、控制洪水向洪水管理转变

伴随着改革开放以来的经济发展,水环境持续恶化,到 20 世纪 90 年代后半期集中爆发。西北、华北和中部广大地区因水资源短缺造成水生态失衡,引发江河断流、湖泊萎缩、湿地干涸、地面沉降、海水入侵、土壤沙化、森林草原退化造成土地沙漠化等一系列生态问题。这一时期,安全性需求仍是主要需求,水生态修复和环境治理也出现巨大需求。水利建设从单目标向多目标过渡。

中共中央、国务院关于灾后重建、整治江湖、兴修水利的若干意见

(1998 年 10 月 20 日发布)

今年入汛以来,我国长江发生了继 1954 年后的又一次全流域性大洪水,嫩江、松花江也发生了超历史纪录的特大洪水。党中央、国务院直接领导了这场抗洪抢险斗争。江泽民同志在抗洪抢险的每个关键时刻都作出重要指示,并亲临第一线进行总动员,极大地鼓舞了抗洪前线广大军民的斗志。在长达两个多月的抗洪抢险斗争中,广大军民团结奋战,顽强拼搏,特别是人民解放军发挥了不可替代的重要作用,抵御了一次又一次的洪水袭击,保住了大江大河大湖干堤的安全,保住了重要城市的安全,保住了重要铁路干线的安

全,保护了人民生命的安全,取得了抗洪抢险斗争的全面胜利,创造了在特大洪水情况下将受灾损失减少到最低限度的历史奇迹。

今年我国遭受罕见洪水灾害,主要原因是气候异常,降雨集中,同时也与生态环境遭受破坏有很大关系。江泽民同志极为重视灾后重建和兴修水利工作。他在江西9月4日所作的《发扬抗洪精神,重建家园,发展经济》的重要讲话中强调:"搞好水利建设,是关系中华民族生存和发展的长远大计""在加强水利建设中,要坚持全面规划、统筹兼顾、标本兼治、综合治理的原则,实行兴利除害结合,开源节流并重,防洪抗旱并举。"9月14日,他又就做好灾后重建和加强水利建设作了重要批示。这些重要讲话和批示,从全局和战略的高度,提出了恢复生产、重建家园、防治水患的方针和原则。在调查研究和充分听取意见的基础上,党中央、国务院就灾后重建、整治江湖、兴修水利提出以下意见:

一、实行封山植树、退耕还林,防治水土流失,改善生态环境

我国水患频繁的一个重要原因,是国土生态环境遭到严重破坏。长江流域洞庭湖、鄱阳湖等几大湖泊的泥沙淤积不断增加,泥沙的60%以上来自上中游开垦的坡地,仅四川、重庆每年流入长江的泥沙就达5.33亿吨。陕西每年流入黄河的泥沙达5亿吨以上。云南、贵州、山西、内蒙古、甘肃、宁夏的水土流失也相当严重。不解决长江、黄河流域上中游水土流失问题,不仅水患难以防治,而且也会因泥沙淤积,影响湖泊、水库的调蓄洪能力。森林植被是陆地生物圈的主体,是维持水、土、大气等生态环境的屏障。积极推行封山植树,对过度开垦的土地,有步骤地退耕还林,加快林草植被的恢复建设,是改善生态环境、防治江河水患的重大措施。

1.停止长江、黄河流域上中游天然林采伐。从现在起,全面停止长江、黄河流域上中游的天然林采伐,森工企业转向营林管护。各级党委、政府要采取措施,坚决制止国有和集体单位及个人对天然林的砍伐。同时,妥善安置林业分流转产职工。除利用人工培育的工业原料林和利用枝桠材、间伐材外,停止建设消耗天然林资源的木材加工项目。关闭采伐区域内的木材交易市场。为了解决国内木材的需要,要在适合种植的地区,因地制宜选择速生树种,大力营造速生丰产林基地。同时,要抓好木材节约代用,努力稳定木材市场价格。

2.大力实施营造林工程。重点治理长江、黄河流域生态环境严重恶化的地区。用20年左右的时间,将长江流域三峡库区及嘉陵江流域、川西林区、云南金沙江流域3个重点治理区森林覆盖率由目前的22.1%提高到45%以上;用30年左右的时间,使黄河中游水土流失区、黄土高原风沙区、青海江河源头3个重点治理区森林覆盖率由目前的10.1%提高到27%以上。初步规划,这些治理区的总造林任务为3 400万公顷。第一阶段(1998—2010年)造林2 431万公顷,其中2000年以前造林205万公顷,1998年计划造林34.4万公顷。第二段(2011—2030年)造林969万公顷。在生态环境脆弱地区,要采取以封山育林为主,结合人工造林、飞播造林、人工补植等方式,建设水土保持林。

3.扩大和恢复草地植被,开展小流域综合治理。草地建设包括川东、鄂西、湘西、云贵高原、江西、青藏高原、内蒙古中西部、甘肃河西走廊及甘南、四川甘孜及阿坝、黄土高原等10个治理区。用10年左右时间建成高标准人工草场、改良草场和围栏退化草场约2 000万公顷。其中到2000年改良长江、黄河上中游草场130万公顷。要以草定畜,扭转草场

超载过牧的状况。通过增加植被，使这些区域60%的水土流失及荒漠化土地得到治理，从总体上扭转这些区域生态环境恶化的状况，有效控制输入江河的泥沙量。要提高和改善飞播造林种草能力。

4.加大退耕还林和"坡改梯"力度。水土流失的主要原因是毁林开荒，陡坡种植。据不完全统计，长江、黄河流域上中游12个省、自治区、直辖市现有坡耕地约2.8万亩，其中25度以上的坡耕地7000多万亩。从现在起，坚决制止毁林开荒，积极创造条件，逐步实施25度以上坡地的退耕还林；加快25度以下坡地"坡改梯"。以生物措施与工程措施相结合，提高土壤的水分涵养能力，拦蓄泥沙下泄。在退耕还林过程中，要注意解决好退耕农民的口粮、烧柴问题，并因地制宜，采取以工代赈、贴息贷款，发展经济林和其他经济作物，以增加农民收入。在加大"坡改梯"力度的同时，要应用农业科学技术，发展旱作农业，努力提高生产水平，以弥补耕地减少的损失。

5.种植薪炭林，大力推广节柴灶。长江、黄河流域上中游地区薪柴消费约占毁林的30%。要有计划地种植速生薪炭林，大力推广节柴灶、沼气、秸秆气化等，鼓励有条件的地方烧煤炭，采取多种方式减少薪柴消耗，使土地植被得到保护。

6.依法开展森林植被保护工作，强化生态环境管理。认真贯彻落实新颁布的《中华人民共和国森林法》和国务院的有关规定，加大执法力度。要依法管理和推进退耕还林工作。国家林业局要尽快拟制《重点地区天然林资源保护工程实施方案》和《天然林保护条例》，报国务院审定。

对长江、黄河流域上中游地区封山植树、退耕还林、"坡改梯"工程，主要靠当地党委、政府和广大群众投工投劳，采取包种包活、荒山承包等多种激励机制和政策措施来解决。所需资金要多渠道筹措，中央财政予以适当支持。重点国有林区天然林保护和人员转产资金，由中央和地方共同解决。其余的天然林保护和人员转产资金，原则上由地方负责解决。

二、坚持"蓄泄兼筹、以泄为主"的防洪方针，建设好干支流控制工程，有计划、有步骤地平垸行洪、退田还湖

据初步统计，今年长江中下游共溃决堤垸2000多个，其中千亩以上堤垸479个，淹没耕地283万亩，除湖北孟溪垸、湖南安造垸是规划中应确保的堤垸外，其他所破堤垸都是规划中的行蓄洪垸和一般堤垸。破垸受灾人口253万。为了提高行蓄洪能力，对已溃决的圩垸，要根据条件和可能，结合灾后重建，进行平垸行洪、退田还湖。

1.分类规划平垸行洪、退田还湖。凡被洪水冲破的江河干堤外滩地民垸以及湖区内的民垸、行洪垸，原则上不修复，实行退田还湖。湖区内、江河干流上影响行洪的民垸，要放弃和清除。其中一部分退人不退耕，洪水退后还可耕种。规划中的重点垸、确保垸，重点铁路干线通过的民垸，干堤内因破堤成灾的圩垸，可以修复。需要恢复的圩垸，必须科学规划，制定安全建设方案，并经审查批准，才可修复。受灾严重的湖南、湖北、江西等省，要按以上原则及长江流域分蓄洪规划，在充分论证的基础上，确定需要修复和放弃的圩垸及移民安置的数量。对需平垸行洪的圩垸，要有计划地分步实施。

2.加强分蓄洪区安全设施建设。为确保武汉等重要城市、荆江大堤及长江干支流的堤防和湖区重点垸堤的安全，在长江中下游仍要设若干个分蓄洪区。原来规划确定的分

蓄洪区,有些由于人口稠密,分蓄洪区安全建设工程不足,实际已无法主动分蓄洪。今后要根据实际需要和可能,并将包括三峡等枢纽工程建成后形成的蓄洪能力考虑在内,调整长江流域分蓄洪规划。分蓄洪区要加强道路、通信设施、安全区等建设,在就近高地或重点垸内建设相对集中的行政村和小城镇。有关部门要抓紧研究制定农民因分蓄洪遭受损失的补偿办法,建立保险机制。黄河、淮河、海河的分蓄洪规划和分蓄洪区建设也要统筹考虑。

3.抓好干支流控制工程的规划和建设。近50年来建设的水利工程体系,特别是近年来建设的葛洲坝和隔河岩等水利枢纽,在洪峰到来时拦蓄了大量洪水,减轻了下游堤防压力,取得了明显的防洪减灾效益。要继续抓紧长江上中游干支流控制工程建设,增强对洪水的错峰调蓄能力。在建的长江三峡、黄河小浪底等大型水利枢纽工程要抓紧建设,尽快发挥工程效益。同时,要进一步做好主要来水干支流控制工程的规划,逐步组织实施,并搞好病险水库的除险加固。这些工作,要作为一项系统工程,认真抓好。工程建设要保证质量,决不能有丝毫马虎。

4.分类处理被洪水冲毁的工业企业。水毁企业原则上不能原样恢复。属于行洪区内阻洪、碍洪企业,要关停或搬迁;产品无销路或者严重污染环境、技术落后的企业,灾后不要再重建;产品有市场、有效益的企业,可以恢复,有的可迁入新建的城镇,有的可并入其他企业。受灾企业恢复重建所需材料和设备,原则上要立足于国内采购。

三、统一规划,合理布局,搞好以工代赈、移民建镇

江西省鄱阳湖区和长江滩涂有大小圩堤4 000余座,耕地面积2 000万亩,人口2 317万。湖南省洞庭湖区有大小堤垸227个,耕地面积1 000万亩,人口1 008万。湖北省长江堤外沿线民垸140个,耕地面积184万亩,人口106万。灾后重建要与平垸行洪、退田还湖的规划相适应,采取以工代赈办法,有计划地建设小城镇。

1.移民建镇实行统一规划、统一设计。这次被洪水冲毁的江河干堤外、湖区内、行蓄洪区、低洼地带的村庄,要通过论证,统筹规划,不再就地重建。要有计划、有步骤地采取各种不同的方式,或就近迁移,或易地重建,以恢复这些地方的行蓄洪作用。新建小城镇的人口规模一般控制在1~5万人。城镇布局要有利于发展生产、方便生活。通过招标评审等形式,选择一些经济适用、适合当地生产生活需要的民居户型结构设计。同时,结合移民建镇,清理宅基地,搞好土地整理,尽可能增加一些耕地。各地要发扬自力更生精神,重建家园,中央财政适当补助建房材料费。

2.小城镇建设首先要解决好灾民过冬用房。实行移民建镇,要统筹规划,分步实施。当前首先要解决好灾民的过冬住房,尽可能不建过渡房。在城镇和房屋建设上,要因地制宜,充分利用当地的建筑材料,有条件的要积极采用新型建筑材料,以尽快解决灾民的安居问题。

3.妥善安排移民生计,扩大就业门路。为了解决迁出农业人口的生计问题,有些退出的行蓄洪垸可以"退人不退耕""小水收,大水丢"。退人不退耕的行蓄洪区,要限定堤顶高程,并改变现行耕作方式,搞现代农业、高效农业、科学种田。多余的劳动力可从事养殖业、手工业和第三产业。要组织行蓄洪区农民以工代赈,参加小城镇建设,稳定灾民的生活,促进当地经济发展;经过培训,组建农民专业堤防建设工程队,长期从事水利工程建设

和维护工作;有组织地将行蓄洪区的农民异地转移到农业劳动力相对不足的地方,从事农业生产和开发。首先要在本省内部消化安置移民。

四、抓紧加固干堤,建设高标准堤防,清淤除障、疏浚河湖

从今年严重的洪涝灾害来看,加固堤坝、整治河道是提高防洪能力的重要措施。要统筹考虑堤防建设与河湖清淤,提高工程效益,确保工程质量。

1. 建设好长江、黄河等大江大河的一类堤防工程。按高标准加固干堤是百年大计。堤防要能防御建国以来发生的最大洪水。重点地段的堤防要达到能防御百年一遇洪水的标准,堤顶要设置防汛公路、照明设备和通信设施等。初步规划急需加固的一类堤防:长江干流2 633公里,黄河干流1 496公里,松花江、嫩江干流244公里。其他大江大河也要加强一类堤防的建设。堤防加固力争在2~3年内完成。今明两年主要安排长江流域的荆江大堤、同马大堤、无为大堤、九江大堤、黄广大堤、洪湖监利大堤、岳阳长江干堤和重点崩岸整治,以及松花江、嫩江等流域的重点堤防。其中险工险段要在今冬明春完成。

2. 搞好重要支流和湖泊的二类堤防建设。长江流域二类堤防需加固1 009公里,黄河流域需加固763公里,松花江、嫩江流域需加固3 160公里。其他江河流域也要根据轻重缓急,确定建设任务。长江、黄河等流域支流堤防建设应以地方为主。各项工程力争2年内完成。

3. 保证工程建设质量。堤防建设要吸取以往大堤溃决的教训,做好堤基地层的钻探勘测工作。砂基要打防渗墙,施工要采用先进的方法、器材,推广应用复合土工布,推行工程监理制,确保工程质量。对干堤建设要区分不同情况,提出设计标准和质量要求。

4. 搞好江河、湖泊清淤疏浚。初步估算,长江流域40年来累计淤积泥沙50亿立方米,其中洞庭湖43亿立方米,鄱阳湖4亿立方米,长江中下游河道3亿立方米。黄河下游累计淤积泥沙80多亿立方米。清淤疏浚是恢复和提高大江大河大湖行洪能力行之有效的工程措施。为此,要对重点河道和湖区,进行大规模的清淤疏浚工程,所挖泥沙用于江河湖泊干堤加固。具体安排是:

(1)长江流域重点清淤疏浚工程。洞庭湖区:安排湖南省洞庭湖区、湖北省"三口"洪道堤防、岳阳市江堤、长沙市江堤等填塘淤背工程,南洞庭、藕池河洪道疏浚工程,西洞庭湖区澧水洪道清淤工程。荆江附近区:安排荆江大堤、松滋江堤、洪湖江堤填塘淤背工程。武汉、鄱阳湖附近区安排武汉市堤、黄石市堤、黄广大堤、九江江堤、南昌市堤、赣抚大堤、鄱阳湖区重点垸堤等填塘淤背工程,鄱阳湖五河尾闾河道疏浚工程。长江下游地区:安排同马大堤、无为大堤、安庆市堤、芜湖市堤、南京市堤等填塘淤背工程,巢湖裕溪河河道疏浚工程。

(2)黄河下游重点清淤疏浚工程。根据河南、山东河段的泥沙淤积量和河势变化情况,采取多种形式对影响行洪的河段逐步进行清淤疏浚。由于黄河上中游水土流失,近期难以完全得到控制,应当清淤不止。

(3)其他流域重点清淤疏浚工程。主要安排松花江、辽河流域、海河流域主要河道及河口清淤。

以上各流域的总清淤量约6亿立方米,力争3年内完成。为此,必须组建行业或地方的大规模专业清淤疏浚队伍,并充分发挥现有的能力。通过招标组织有条件的企业生产

挖泥船,明年争取新装备 40 艘,以后逐年增加,力争到 2000 年新增 100 艘以上。

5. 搞好地质灾害的防治。长江、黄河流域上中游是地质灾害多发区,崩塌、滑坡、泥石流等造成了人民生命财产巨大损失。要搞好地质环境的评价,制定地质灾害防治规划,在治理江河的同时,实施防治地质灾害的工程和措施。

完成上述任务,需要多渠道筹集资金:(1)募集捐赠的资金,一部分用于当前灾民生活救济,一部分用于建房。(2)中央财政安排一定资金。(3)调整投资结构,坚决压缩一般工业项目,增加地方对水利建设的投入。(4)明后两年发行一定数量特种国债用于水利建设。(5)争取国际金融组织的长期优惠贷款。(6)通过以工代赈,组织灾民投工投劳,参加修复水毁工程和兴建水利工程。(7)发展农村住房信贷,扶持农民建房。

今年所需中央投资,已在财政债券和预算内资金中安排约 200 亿元,各地要抓紧落实配套资金。

五、抓好当前灾后重建和长远规划的衔接,安排好灾民的生活

当前,各受灾地区要进一步贯彻落实江泽民同志关于灾后恢复生产、重建家园和加快水利建设的指示,认真解决灾后的群众生活问题,特别是越冬住房。同时要按照标本兼治、综合治理的原则,把目前灾后重建同整治江湖长远目标结合起来,把恢复生产同结构调整结合起来,对山、水、田、林、路进行统筹规划,作出分期实施的安排。当前救灾工作,要按国务院有关部门同受灾较重的内蒙古、黑龙江、吉林、江西、安徽、湖北、湖南、重庆、四川等地区商定的方案,抓紧实施。

1. 抢建过冬用房。9 省、区、市因灾倒塌房屋 600 多万间,涉及到 100 多万户。鉴于这些地区灾情较重和地方财政困难的情况,由中央财政和社会捐助款补助一部分建房材料费。灾区越冬所需的棉衣、棉被主要通过社会捐助解决。

2. 抓紧恢复中小学校和卫生院。为保证中小学生正常学习和开展医疗、防疫工作的需要,各地要首先把水毁学校和卫生院恢复起来。所需资金中央财政适当予以补助。

3. 搞好水毁设施的建设。对水毁的城乡电网、交通通信线路以及监狱等,要结合扩大基础建设,由有关部门会同地方优先安排重建。

灾后重建、整治江湖、兴修水利,要发扬抗洪精神,立足于自力更生、艰苦奋斗。要加强领导、统筹规划、因地制宜、突出重点、分步实施。所有建设项目,都必须广泛吸取各方面特别是专家和工程技术人员的意见,按照自然规律和经济规律办事,充分论证,慎重决策。要运用先进技术,强调综合效益,坚持质量第一,着眼长治久安。要继续调整投资结构,集中必要资金,增加灾后重建和水利工程建设投入。在抓紧贯彻落实本意见提出的各项任务的同时,要结合第十个五年计划的制定,进一步提出改善生态环境,防治水旱灾害的规划方案,把灾后重建工作与长远规划衔接起来。国家发展计划委员会要会同各地区、各部门,通力协作,加倍努力,进一步调动各方面力量,尽快把各项任务落到实处。

【解读】

1998 年全国江河爆发大洪水。历史不会忘记百万军民惊心动魄的抗洪场景,正是这次洪水促使人们进一步深刻认识到由于经济社会的不断发展、人口的持续增长而加剧的人水之间的矛盾。这一年,党的十五届三中全会提出了"水利建设要坚持全面规划、统筹兼顾、标本兼治、综合治理的原则,实行兴利除害结合,开源节流并重,防洪抗旱并举"的

水利工作方针。

《关于灾后重建、整治江湖、兴修水利的若干意见》就是在以上背景下出台的,提出"封山植树,退耕还林;平垸行洪,退田还湖;以工代赈,移民建镇;加固干堤,疏浚河湖"的政策措施。这些举措标志着党开始认识到生态环境的重要性,力图从源头上遏制洪水。

二、水资源可持续利用道路

进入新世纪以来,随着新一轮经济周期的快速到来,工业化和城镇化加速推进,工业和城镇用水需水量大为增加,全国缺水形势严峻。正常年份全国缺水500多亿立方米,近三分之二城市不同程度缺水。在此形势下,水资源的可持续利用日益受到人们的重视。越来越多的人认识到,单纯依靠修建水利工程根本无法满足经济社会发展对水资源提出的增量供给需求,而且还可能走进"死胡同"。必须树立"大"的水资源观,从工程水利向资源水利转变,谋求水资源的可持续利用。

中共中央、国务院关于加快水利改革发展的决定
（二〇一〇年十二月三十一日）

水是生命之源、生产之要、生态之基。兴水利、除水害,事关人类生存、经济发展、社会进步,历来是治国安邦的大事。促进经济长期平稳较快发展和社会和谐稳定,夺取全面建设小康社会新胜利,必须下决心加快水利发展,切实增强水利支撑保障能力,实现水资源可持续利用。近年来我国频繁发生的严重水旱灾害,造成重大生命财产损失,暴露出农田水利等基础设施十分薄弱,必须大力加强水利建设。现就加快水利改革发展,作出如下决定。

一、新形势下水利的战略地位

（一）水利面临的新形势。新中国成立以来,特别是改革开放以来,党和国家始终高度重视水利工作,领导人民开展了气壮山河的水利建设,取得了举世瞩目的巨大成就,为经济社会发展、人民安居乐业作出了突出贡献。但必须看到,人多水少、水资源时空分布不均是我国的基本国情水情。洪涝灾害频繁仍然是中华民族的心腹大患,水资源供需矛盾突出仍然是可持续发展的主要瓶颈,农田水利建设滞后仍然是影响农业稳定发展和国家粮食安全的最大硬伤,水利设施薄弱仍然是国家基础设施的明显短板。随着工业化、城镇化深入发展,全球气候变化影响加大,我国水利面临的形势更趋严峻,增强防灾减灾能力要求越来越迫切,强化水资源节约保护工作越来越繁重,加快扭转农业主要"靠天吃饭"局面任务越来越艰巨。2010年西南地区发生特大干旱、多数省区市遭受洪涝灾害、部分地方突发严重山洪泥石流,再次警示我们加快水利建设刻不容缓。

（二）新形势下水利的地位和作用。水利是现代农业建设不可或缺的首要条件,是经济社会发展不可替代的基础支撑,是生态环境改善不可分割的保障系统,具有很强的公益性、基础性、战略性。加快水利改革发展,不仅事关农业农村发展,而且事关经济社会发展全局;不仅关系到防洪安全、供水安全、粮食安全,而且关系到经济安全、生态安全、国家安全。要把水利工作摆上党和国家事业发展更加突出的位置,着力加快农田水利建设,推动

水利实现跨越式发展。

二、水利改革发展的指导思想、目标任务和基本原则

（三）指导思想。全面贯彻党的十七大和十七届三中、四中、五中全会精神，以邓小平理论和"三个代表"重要思想为指导，深入贯彻落实科学发展观，把水利作为国家基础设施建设的优先领域，把农田水利作为农村基础设施建设的重点任务，把严格水资源管理作为加快转变经济发展方式的战略举措，注重科学治水、依法治水，突出加强薄弱环节建设，大力发展民生水利，不断深化水利改革，加快建设节水型社会，促进水利可持续发展，努力走出一条中国特色水利现代化道路。

（四）目标任务。力争通过 5 年到 10 年努力，从根本上扭转水利建设明显滞后的局面。到 2020 年，基本建成防洪抗旱减灾体系，重点城市和防洪保护区防洪能力明显提高，抗旱能力显著增强，"十二五"期间基本完成重点中小河流（包括大江大河支流、独流入海河流和内陆河流）重要河段治理、全面完成小型水库除险加固和山洪灾害易发区预警预报系统建设；基本建成水资源合理配置和高效利用体系，全国年用水总量力争控制在 6 700 亿立方米以内，城乡供水保证率显著提高，城乡居民饮水安全得到全面保障，万元国内生产总值和万元工业增加值用水量明显降低，农田灌溉水有效利用系数提高到 0.55 以上，"十二五"期间新增农田有效灌溉面积 4 000 万亩；基本建成水资源保护和河湖健康保障体系，主要江河湖泊水功能区水质明显改善，城镇供水水源地水质全面达标，重点区域水土流失得到有效治理，地下水超采基本遏制；基本建成有利于水利科学发展的制度体系，最严格的水资源管理制度基本建立，水利投入稳定增长机制进一步完善，有利于水资源节约和合理配置的水价形成机制基本建立，水利工程良性运行机制基本形成。

（五）基本原则。一要坚持民生优先。着力解决群众最关心最直接最现实的水利问题，推动民生水利新发展。二要坚持统筹兼顾。注重兴利除害结合、防灾减灾并重、治标治本兼顾，促进流域与区域、城市与农村、东中西部地区水利协调发展。三要坚持人水和谐。顺应自然规律和社会发展规律，合理开发、优化配置、全面节约、有效保护水资源。四要坚持政府主导。发挥公共财政对水利发展的保障作用，形成政府社会协同治水兴水合力。五要坚持改革创新。加快水利重点领域和关键环节改革攻坚，破解制约水利发展的体制机制障碍。

三、突出加强农田水利等薄弱环节建设

（六）大兴农田水利建设。到 2020 年，基本完成大型灌区、重点中型灌区续建配套和节水改造任务。结合全国新增千亿斤粮食生产能力规划实施，在水土资源条件具备的地区，新建一批灌区，增加农田有效灌溉面积。实施大中型灌溉排水泵站更新改造，加强重点涝区治理，完善灌排体系。健全农田水利建设新机制，中央和省级财政要大幅增加专项补助资金，市、县两级政府也要切实增加农田水利建设投入，引导农民自愿投工投劳。加快推进小型农田水利重点县建设，优先安排产粮大县，加强灌区末级渠系建设和田间工程配套，促进旱涝保收高标准农田建设。因地制宜兴建中小型水利设施，支持山丘区小水窖、小水池、小塘坝、小泵站、小水渠等"五小水利"工程建设，重点向革命老区、民族地区、边疆地区、贫困地区倾斜。大力发展节水灌溉，推广渠道防渗、管道输水、喷灌滴灌等技术，扩大节水、抗旱设备补贴范围。积极发展旱作农业，采用地膜覆盖、深松深耕、保护性

耕作等技术。稳步发展牧区水利,建设节水高效灌溉饲草料地。

(七)加快中小河流治理和小型水库除险加固。中小河流治理要优先安排洪涝灾害易发、保护区人口密集、保护对象重要的河流及河段,加固堤岸,清淤疏浚,使治理河段基本达到国家防洪标准。巩固大中型病险水库除险加固成果,加快小型病险水库除险加固步伐,尽快消除水库安全隐患,恢复防洪库容,增强水资源调控能力。推进大中型病险水闸除险加固。山洪地质灾害防治要坚持工程措施和非工程措施相结合,抓紧完善专群结合的监测预警体系,加快实施防灾避让和重点治理。

(八)抓紧解决工程性缺水问题。加快推进西南等工程性缺水地区重点水源工程建设,坚持蓄引提与合理开采地下水相结合,以县域为单元,尽快建设一批中小型水库、引提水和连通工程,支持农民兴建小微型水利设施,显著提高雨洪资源利用和供水保障能力,基本解决缺水城镇、人口较集中乡村的供水问题。

(九)提高防汛抗旱应急能力。尽快健全防汛抗旱统一指挥、分级负责、部门协作、反应迅速、协调有序、运转高效的应急管理机制。加强监测预警能力建设,加大投入,整合资源,提高雨情汛情旱情预报水平。建立专业化与社会化相结合的应急抢险救援队伍,着力推进县乡两级防汛抗旱服务组织建设,健全应急抢险物资储备体系,完善应急预案。建设一批规模合理、标准适度的抗旱应急水源工程,建立应对特大干旱和突发水安全事件的水源储备制度。加强人工增雨(雪)作业示范区建设,科学开发利用空中云水资源。

(十)继续推进农村饮水安全建设。到2013年解决规划内农村饮水安全问题,"十二五"期间基本解决新增农村饮水不安全人口的饮水问题。积极推进集中供水工程建设,提高农村自来水普及率。有条件的地方延伸集中供水管网,发展城乡一体化供水。加强农村饮水安全工程运行管理,落实管护主体,加强水源保护和水质监测,确保工程长期发挥效益。制定支持农村饮水安全工程建设的用地政策,确保土地供应,对建设、运行给予税收优惠,供水用电执行居民生活或农业排灌用电价格。

四、全面加快水利基础设施建设

(十一)继续实施大江大河治理。进一步治理淮河,搞好黄河下游治理和长江中下游河势控制,继续推进主要江河河道整治和堤防建设,加强太湖、洞庭湖、鄱阳湖综合治理,全面加快蓄滞洪区建设,合理安排居民迁建。搞好黄河下游滩区安全建设。"十二五"期间抓紧建设一批流域防洪控制性水利枢纽工程,不断提高调蓄洪水能力。加强城市防洪排涝工程建设,提高城市排涝标准。推进海堤建设和跨界河流整治。

(十二)加强水资源配置工程建设。完善优化水资源战略配置格局,在保护生态前提下,尽快建设一批骨干水源工程和河湖水系连通工程,提高水资源调控水平和供水保障能力。加快推进南水北调东中线一期工程及配套工程建设,确保工程质量,适时开展南水北调西线工程前期研究。积极推进一批跨流域、区域调水工程建设。着力解决西北等地区资源性缺水问题。大力推进污水处理回用,积极开展海水淡化和综合利用,高度重视雨水、微咸水利用。

(十三)搞好水土保持和水生态保护。实施国家水土保持重点工程,采取小流域综合治理、淤地坝建设、坡耕地整治、造林绿化、生态修复等措施,有效防治水土流失。进一步加强长江上中游、黄河上中游、西南石漠化地区、东北黑土区等重点区域及山洪地质灾害易发区的水土流失防治。继续推进生态脆弱河流和地区水生态修复,加快污染严重江河湖泊水环境治理。加强重要生态保护区、水源涵养区、江河源头区、湿地的保护。实施农村河道综合整治,大力开展生态清洁型小流域建设。强化生产建设项目水土保持监督管理。建立健全水土保持、建设项目占用水利设施和水域等补偿制度。

(十四)合理开发水能资源。在保护生态和农民利益前提下,加快水能资源开发利用。统筹兼顾防洪、灌溉、供水、发电、航运等功能,科学制定规划,积极发展水电,加强水能资源管理,规范开发许可,强化水电安全监管。大力发展农村水电,积极开展水电新农村电气化县建设和小水电代燃料生态保护工程建设,搞好农村水电配套电网改造工程建设。

(十五)强化水文气象和水利科技支撑。加强水文气象基础设施建设,扩大覆盖范围,优化站网布局,着力增强重点地区、重要城市、地下水超采区水文测报能力,加快应急机动监测能力建设,实现资料共享,全面提高服务水平。健全水利科技创新体系,强化基础条件平台建设,加强基础研究和技术研发,力争在水利重点领域、关键环节和核心技术上实现新突破,获得一批具有重大实用价值的研究成果,加大技术引进和推广应用力度。提高水利技术装备水平。建立健全水利行业技术标准。推进水利信息化建设,全面实施"金水工程",加快建设国家防汛抗旱指挥系统和水资源管理信息系统,提高水资源调控、水利管理和工程运行的信息化水平,以水利信息化带动水利现代化。加强水利国际交流与合作。

五、建立水利投入稳定增长机制

(十六)加大公共财政对水利的投入。多渠道筹集资金,力争今后10年全社会水利年平均投入比2010年高出一倍。发挥政府在水利建设中的主导作用,将水利作为公共财政投入的重点领域。各级财政对水利投入的总量和增幅要有明显提高。进一步提高水利建设资金在国家固定资产投资中的比重。大幅度增加中央和地方财政专项水利资金。从土地出让收益中提取10%用于农田水利建设,充分发挥新增建设用地土地有偿使用费等土地整治资金的综合效益。进一步完善水利建设基金政策,延长征收年限,拓宽来源渠道,增加收入规模。完善水资源有偿使用制度,合理调整水资源费征收标准,扩大征收范围,严格征收、使用和管理。有重点防洪任务和水资源严重短缺的城市要从城市建设维护税中划出一定比例用于城市防洪排涝和水源工程建设。切实加强水利投资项目和资金监督管理。

(十七)加强对水利建设的金融支持。综合运用财政和货币政策,引导金融机构增加水利信贷资金。有条件的地方根据不同水利工程的建设特点和项目性质,确定财政贴息的规模、期限和贴息率。在风险可控的前提下,支持农业发展银行积极开展水利建设中长期政策性贷款业务。鼓励国家开发银行、农业银行、农村信用社、邮政储蓄银行等银行业金融机构进一步增加农田水利建设的信贷资金。支持符合条件的水利企业上市和发行债券,探索发展大型水利设备设施的融资租赁业务,积极开展水利项目收益权质押贷款等多种形式融资。鼓励和支持发展洪水保险。提高水利利用外资的规模和质量。

(十八)广泛吸引社会资金投资水利。鼓励符合条件的地方政府融资平台公司通过直接、间接融资方式,拓宽水利投融资渠道,吸引社会资金参与水利建设。鼓励农民自力更生、艰苦奋斗，在统一规划基础上，按照多筹多补、多干多补原则，加大一事一议财政奖补力度，充分调动农民兴修农田水利的积极性。结合增值税改革和立法进程，完善农村水电增值税政策。完善水利工程耕地占用税政策。积极稳妥推进经营性水利项目进行市场融资。

六、实行最严格的水资源管理制度

（十九）建立用水总量控制制度。确立水资源开发利用控制红线，抓紧制定主要江河水量分配方案，建立取用水总量控制指标体系。加强相关规划和项目建设布局水资源论证工作，国民经济和社会发展规划以及城市总体规划的编制、重大建设项目的布局，要与当地水资源条件和防洪要求相适应。严格执行建设项目水资源论证制度，对擅自开工建设或投产的一律责令停止。严格取水许可审批管理，对取用水总量已达到或超过控制指标的地区，暂停审批建设项目新增取水；对取用水总量接近控制指标的地区，限制审批新增取水。严格地下水管理和保护，尽快核定并公布禁采和限采范围，逐步削减地下水超采量，实现采补平衡。强化水资源统一调度，协调好生活、生产、生态环境用水，完善水资源调度方案、应急调度预案和调度计划。建立和完善国家水权制度，充分运用市场机制优化配置水资源。

（二十）建立用水效率控制制度。确立用水效率控制红线，坚决遏制用水浪费，把节水工作贯穿于经济社会发展和群众生产生活全过程。加快制定区域、行业和用水产品的用水效率指标体系，加强用水定额和计划管理。对取用水达到一定规模的用水户实行重点监控。严格限制水资源不足地区建设高耗水型工业项目。落实建设项目节水设施与主体工程同时设计、同时施工、同时投产制度。加快实施节水技术改造，全面加强企业节水管理，建设节水示范工程，普及农业高效节水技术。抓紧制定节水强制性标准，尽快淘汰不符合节水标准的用水工艺、设备和产品。

（二十一）建立水功能区限制纳污制度。确立水功能区限制纳污红线，从严核定水域纳污容量，严格控制入河湖排污总量。各级政府要把限制排污总量作为水污染防治和污染减排工作的重要依据，明确责任，落实措施。对排污量已超出水功能区限制排污总量的地区，限制审批新增取水和入河排污口。建立水功能区水质达标评价体系，完善监测预警监督管理制度。加强水源地保护，依法划定饮用水水源保护区，强化饮用水水源应急管理。建立水生态补偿机制。

（二十二）建立水资源管理责任和考核制度。县级以上地方政府主要负责人对本行政区域水资源管理和保护工作负总责。严格实施水资源管理考核制度，水行政主管部门会同有关部门，对各地区水资源开发利用、节约保护主要指标的落实情况进行考核，考核结果交由干部主管部门，作为地方政府相关领导干部综合考核评价的重要依据。加强水量水质监测能力建设，为强化监督考核提供技术支撑。

七、不断创新水利发展体制机制

（二十三）完善水资源管理体制。强化城乡水资源统一管理，对城乡供水、水资源综合利用、水环境治理和防洪排涝等实行统筹规划、协调实施，促进水资源优化配置。完善流域管理与区域管理相结合的水资源管理制度，建立事权清晰、分工明确、行为规范、运转协调的水资源管理工作机制。进一步完善水资源保护和水污染防治协调机制。

（二十四）加快水利工程建设和管理体制改革。区分水利工程性质，分类推进改革，健全良性运行机制。深化国有水利工程管理体制改革，落实好公益性、准公益性水管单位基本支出和维修养护经费。中央财政对中西部地区、贫困地区公益性工程维修养护经费给予补助。妥善解决水管单位分流人员社会保障问题。深化小型水利工程产权制度改革，明确所有权和使用权，落实管护主体和责任，对公益性小型水利工程管护经费给予补助，探索社会化和专业化的多种水利工程管理模式。对非经营性政府投资项目，加快推行代建制。充分发挥市场机制在水利工程建设和运行中的作用，引导经营性水利工程积极走向市场，完善法人治理结构，实现自主经营、自负盈亏。

（二十五）健全基层水利服务体系。建立健全职能明确、布局合理、队伍精干、服务到位的基层水利服务体系，全面提高基层水利服务能力。以乡镇或小流域为单元，健全基层水利服务机构，强化水资源管理、防汛抗旱、农田水利建设、水利科技推广等公益性职能，按规定核定人员编制，经费纳入县级财政预算。大力发展农民用水合作组织。

（二十六）积极推进水价改革。充分发挥水价的调节作用，兼顾效率和公平，大力促进节约用水和产业结构调整。工业和服务业用水要逐步实行超额累进加价制度，拉开高耗水行业与其他行业的水价差价。合理调整城市居民生活用水价格，稳步推行阶梯式水价制度。按照促进节约用水、降低农民水费支出、保障灌排工程良性运行的原则，推进农业水价综合改革，农业灌排工程运行管理费用由财政适当补助，探索实行农民定额内用水享受优惠水价、超定额用水累进加价的办法。

八、切实加强对水利工作的领导

（二十七）落实各级党委和政府责任。各级党委和政府要站在全局和战略高度，切实加强水利工作，及时研究解决水利改革发展中的突出问题。实行防汛抗旱、饮水安全保障、水资源管理、水库安全管理行政首长负责制。各地要结合实际，认真落实水利改革发展各项措施，确保取得实效。各级水行政主管部门要切实增强责任意识，认真履行职责，抓好水利改革发展各项任务的实施工作。各有关部门和单位要按照职能分工，尽快制定完善各项配套措施和办法，形成推动水利改革发展合力。把加强农田水利建设作为农村基层开展创先争优活动的重要内容，充分发挥农村基层党组织的战斗堡垒作用和广大党员的先锋模范作用，带领广大农民群众加快改善农村生产生活条件。

（二十八）推进依法治水。建立健全水法规体系，抓紧完善水资源配置、节约保护、防汛抗旱、农村水利、水土保持、流域管理等领域的法律法规。全面推进水利综合执法，严格执行水资源论证、取水许可、水工程建设规划同意书、洪水影响评价、水土保持方案等制度。加强河湖管理，严禁建设项目非法侵占河湖水域。加强国家防汛抗旱督察工作制度化建设。健全预防为主、预防与调处相结合的水事纠纷调处机制，完善应急预案。深化水行政许可审批制度改革。科学编制水利规划，完善全国、流域、区域水利规划体系，加快重点建设项目前期工作，强化水利规划对涉水活动的管理和约束作用。做好水库移民安置工作，落实后期扶持政策。

（二十九）加强水利队伍建设。适应水利改革发展新要求，全面提升水利系统干部职工队伍素质，切实增强水利勘测设计、建设管理和依法行政能力。支持大专院校、中等职业学校水利类专业建设。大力引进、培养、选拔各类管理人才、专业技术人才、高技能人才,完善人才评价、流动、激励机制。鼓励广大科技人员服务于水利改革发展第一线,加大基层水利职工在职教育和继续培训力度,解决基层水利职工生产生活中的实际困难。广大水利干部职工要弘扬"献身、负责、求实"的水利行业精神,更加贴近民生,更多服务基层,更好服务经济社会发展全局。

（三十）动员全社会力量关心支持水利工作。加大力度宣传国情水情,提高全民水患意识、节水意识、水资源保护意识,广泛动员全社会力量参与水利建设。把水情教育纳入国民素质教育体系和中小学教育课程体系,作为各级领导干部和公务员教育培训的重要内容。把水利纳入公益性宣传范围,为水利又好又快发展营造良好舆论氛围。对在加快水利改革发展中取得显著成绩的单位和个人,各级政府要按照国家有关规定给予表彰奖励。

加快水利改革发展,使命光荣,任务艰巨,责任重大。我们要紧密团结在以胡锦涛同志为总书记的党中央周围,与时俱进,开拓进取,扎实工作,奋力开创水利工作新局面!

【解读】

《加快水利改革发展的决定》以中央一号文件的形式下发,反映了党中央、国务院对水利工作的高度重视。与以往相比,更加注重水资源节约保护管理和生态文明建设,增强发展的可持续性;更加注重保障和改善民生,增强发展的普惠性;更加注重推动水利改革创新,增强发展的开拓性;更加注重抓基层打基础,增强发展的稳定性——这是新时期可持续发展水利引领治水实践的四个鲜明特点。实践表明,可持续发展水利是符合国情水情、富于创新的治水之路,是解决我国复杂水问题的必然选择。

三、"节水优先、空间均衡、系统治理、两手发力"的新时期治水思路

习近平总书记多次就治水发表重要论述,形成了新时期我国治水兴水的重要战略思想。在党的十八大和十八届三中全会上,习近平总书记提出了一系列生态文明建设和生态文明制度建设的新理念、新思路、新举措。2015年2月,习近平主持召开中央财经领导小组第九次会议时指出:"保障水安全,关键要转变治水思路,按照'节水优先、空间均衡、系统治理、两手发力'的方针治水,统筹做好水灾害防治、水资源节约、水生态保护修复、水环境治理。"保障水安全,必须在指导思想上坚定不移贯彻这些精神和要求,坚持"节水优先、空间均衡、系统治理、两手发力"的思路,实现治水思路的转变。

陈雷:新时期治水兴水的科学指南
——深入学习贯彻习近平总书记关于治水的重要论述
(2014年08月01日,《求是》)

党的十八大以来,习近平总书记多次就治水发表重要论述,形成了新时期我国治水兴水的重要战略思想。深入学习贯彻习近平总书记的重要论述,必将广泛凝聚全党全社会治水兴水的强大力量,为实现中华民族伟大复兴的中国梦提供更加坚实的水安全保障。

一、深刻认识治水兴水的战略意义

习近平总书记的重要论述精辟阐述了治水兴水的重大意义,深入剖析了我国水安全

新老问题交织的严峻形势,体现了深邃的历史眼光、宽广的全球视野和鲜明的时代特征。我们要认真学习领会习近平总书记的重要讲话精神,切实把思想和行动统一到讲话精神上来。

一要深刻领会习近平总书记对国情水情的透彻分析。习近平总书记指出,水资源时空分布极不均匀、水旱灾害频发,自古以来是我国基本国情。我国独特的地理条件和农耕文明决定了治水对中华民族生存发展和国家统一兴盛至关重要。习近平总书记的重要论述深刻揭示了治水兴水与治国理政的内在关系,鲜明指出了治水对我国的特殊重要性。我们要深刻审视和准确把握我国基本国情水情,切实增强保障国家水安全的思想自觉和行动自觉。

二要深刻领会习近平总书记对治水地位的精辟论述。习近平总书记强调,水安全是涉及国家长治久安的大事,全党要大力增强水忧患意识、水危机意识,从全面建成小康社会、实现中华民族永续发展的战略高度,重视解决好水安全问题。这标志着我们党对水安全问题的认识达到了新的高度,对推进中华民族治水兴水大业具有重大而深远的意义。我们要准确把握中央关于治水的战略定位,坚持不懈地把治水兴水这一造福中华民族的千秋伟业抓实办好。

三要深刻领会习近平总书记对水安全形势的科学判断。习近平总书记指出,随着我国经济社会不断发展,水安全中的老问题仍有待解决,新问题越来越突出、越来越紧迫。这是对治水阶段性特征的科学判定,体现了鲜明的问题导向和强烈的底线思维。当前,我国水安全呈现出新老问题相互交织的严峻形势,特别是水资源短缺、水生态损害、水环境污染等新问题愈加突出。水已经成为我国严重短缺的产品、制约环境质量的主要因素、经济社会发展面临的严重安全问题。我们要准确把握水利所处的历史方位,不断提高治水兴水的责任感、紧迫感和使命感。

二、牢牢把握习近平总书记重要治水思想

习近平总书记强调指出,党的十八大和十八届三中全会提出了一系列生态文明建设和生态文明制度建设的新理念、新思路、新举措。保障水安全,必须在指导思想上坚定不移贯彻这些精神和要求,坚持"节水优先、空间均衡、系统治理、两手发力"的思路,实现治水思路的转变。

第一,牢牢把握节水优先的根本方针。习近平总书记强调,要善用系统思维统筹水的全过程治理,分清主次、因果关系,当前的关键环节是节水,从观念、意识、措施等各方面都要把节水放在优先位置。我国人均水资源占有量 2 100 立方米,仅为世界平均水平的28%,正常年份缺水 500 多亿立方米。目前,我国用水方式还比较粗放,万元工业增加值用水量为世界先进水平的 2~3 倍;农田灌溉水有效利用系数 0.52,远低于 0.7~0.8 的世界先进水平。我们要充分认识节水的极端重要性,始终坚持并严格落实节水优先方针,像抓节能减排一样抓好节水工作。

第二,牢牢把握空间均衡的重大原则。习近平总书记强调,面对水安全的严峻形势,必须树立人口经济与资源环境相均衡的原则,加强需求管理,把水资源、水生态、水环境承载能力作为刚性约束,贯彻落实到改革发展稳定各项工作中。长期以来,一些地方对水资源进行掠夺式开发,经济增长付出的资源环境代价过大。我们要深刻认识到,水资源、水生态、水环境承载能力是有限的，必须牢固树立生态文明理念，始终坚守空间均衡的重大原则，努力实现人与自然、人与水的和谐相处。

第三，牢牢把握系统治理的思想方法。习近平总书记强调，山水林田湖是一个生命共同体，治水要统筹自然生态的各个要素，要用系统论的思想方法看问题，统筹治水和治山、治水和治林、治水和治田等。长期以来，许多地方重开发建设、轻生态保护，开山造田、毁林开荒、侵占河道、围垦湖面，造成生态系统严重损害，导致生态链条恶性循环。我们要坚持从山水林田湖是一个生命共同体出发，运用系统思维，统筹谋划治水兴水节水管水各项工作。

第四，牢牢把握两手发力的基本要求。习近平总书记强调，保障水安全，无论是系统修复生态、扩大生态空间，还是节约用水、治理水污染等，都要充分发挥市场和政府的作用，分清政府该干什么，哪些事情可以依靠市场机制。水是公共产品，水治理是政府的主要职责，该管的不但要管，还要管严管好。同时要看到，政府主导不是政府包办，要充分利用水权水价水市场优化配置水资源，让政府和市场"两只手"相辅相成、相得益彰。

三、积极践行并着力落实新时期治水思路

习近平总书记的重要治水思想，深刻回答了我国水治理中的重大理论和现实问题，为我们做好水利工作提供了科学的思想武器和行动指南。我们要着力抓好贯彻落实，加快构建中国特色水安全保障体系。

第一，全面建设节水型社会，着力提高水资源利用效率和效益。牢固树立节水和洁水观念，切实把节水贯穿于经济社会发展和群众生产生活全过程。在农业节水方面，要积极推广低压管道输水、喷灌、滴灌、微灌等高效节水灌溉技术，大力发展旱作节水农业，抓好输水、灌水、用水全过程节水。在工业节水方面，要加强工业节水技术改造和循环用水，逐步淘汰高耗水的落后产能，新建、改建、扩建的建设项目必须落实节水"三同时"制度。在城市节水方面，要加快城市供水管网技术改造，减少"跑、冒、滴、漏"，全面推广使用节水型器具，严格规范高耗水服务行业用水管理，加大雨洪资源利用力度，加快海水、中水、微咸水等非常规水源开发利用。

第二，强化"三条红线"管理，着力落实最严格水资源管理制度。坚持以水定需、量水而行、因水制宜，全面落实最严格水资源管理制度。加强源头控制，加快建立覆盖流域和省市县三级的水资源开发利用控制、用水效率控制、水功能区限制纳污"三条红线"，进一步落实水资源论证、取水许可、水功能区管理等制度。强化需求管理，把水资源条件作为区域发展、城市建设、产业布局等相关规划审批的重要前提，以水定城、以水定地、以水定人、以水定产，严格限制一些地方无序调水与取用水，从严控制高耗水项目。严格监督问责，建立水资源水环境承载能力监测预警机制，推动建立国家水资源督察制度，把水资源消耗和水环境占用纳入经济社会发展评价体系，作为地方领导干部综合考核评价的重要依据。

第三，加强水源涵养和生态修复，着力推进水生态文明建设。牢固树立尊重自然、顺应自然、保护自然的生态文明理念，着力打造山清水秀、河畅湖美的美好家园。强化地下水保护，实行开采量与地下水水位双控制，划定地下水禁采区与限采区，加强华北等地下水严重超采区综合治理，逐步实现地下水采补平衡。加强水土保持生态建设，推进重点区

域水土流失治理,加快坡耕地综合整治和生态清洁小流域建设,加强重要生态保护区、水源涵养区、江河源头区生态保护。推进城乡水环境治理,大力开展水生态文明城市创建,加强农村河道综合整治,打造自然积存、自然渗透、自然净化的"海绵家园""海绵城市",促进新型城镇化和美丽乡村建设。强化河湖水域保护,落实河湖生态空间用途管制,实行河湖分级管理,建立建设项目占用水利设施和水域岸线补偿制度,有序推动河湖休养生息。

第四,实施江河湖库水系连通,着力增强水资源水环境承载能力。坚持人工连通与恢复自然连通相结合,积极构建布局合理、生态良好,引排得当、循环通畅,蓄泄兼筹、丰枯调剂,多源互补、调控自如的江河湖库水系连通体系。在东部地区,加快骨干工程建设,维系河网水系畅通,率先构建现代化水网体系。在中部地区,积极实施清淤疏浚,新建必要的人工通道,增强河湖连通性,恢复河湖生态系统及其功能。在西部地区,科学论证、充分比选、合理兴建必要的水源工程和水系连通工程。在东北地区,开源节流并举,恢复扩大湖泊湿地水源涵养空间。

第五,抓好重大水利工程建设,着力完善水利基础设施体系。按照确有需要、生态安全、可以持续的原则,集中力量有序推进一批全局性、战略性节水供水重大水利工程,为经济社会持续健康发展提供坚实后盾。推进重大农业节水工程,突出抓好重点灌区节水改造,大力实施东北节水增粮、华北节水压采、西北节水增效、南方节水减排等规模化高效节水灌溉工程。加快实施重大引调水工程,强化节水优先、环保治污、提效控需,统筹做好调出调入区域、重要经济区和城市群用水保障。建设重点水源工程,强化水源战略储备,加快农村饮水安全工程建设,推进海水淡化与综合利用,着力构建布局合理、水源可靠、水质优良的供水安全保障体系。实施江河湖泊治理骨干工程,综合考虑防洪、供水、航运、生态保护等要求,在继续抓好防洪薄弱环节建设的同时,加强大江大河大湖治理、控制性枢纽工程和重要蓄滞洪区建设,提高抵御洪涝灾害能力。开展大型灌区建设工程,在东北平原、长江上中游等水土资源条件较好地区,新建一批节水型、生态型灌区,把中国人的饭碗牢牢端在自己手上。

第六,进一步深化改革创新,着力健全水利科学发展体制机制。加大水利重点领域改革攻坚力度,着力构建系统完备、科学规范、运行有效的水治理制度体系。在转变水行政职能方面,要理顺政府与市场、中央与地方的关系,强化水资源节约、保护和管理等工作,创新水利公共服务方式。在水利投融资体制改革方面,要稳定并增加公共财政投入,落实金融支持相关政策,鼓励和吸引社会资本投入水利建设和管理,改进水利投资监督管理。在创新水利工程建设管理体制方面,要深化国有水利工程管理体制改革,加快农村小型水利工程产权制度改革,健全水利建设市场主体信用体系,强化工程质量监督与市场监管。在水价改革方面,要加快推行城镇居民用水阶梯水价制度,非居民用水超计划、超定额累进加价制度,推进农业水价综合改革,提高水资源利用效率与效益。在水权制度建设方面,要开展水资源使用权确权登记,构建全国和区域性水权交易平台,探索水权流转实现形式。

【解读】

以上是水利部原部长陈雷发表在《求是》上学习贯彻习近平治水方针的一篇文章。

习近平总书记的治水十六字方针是在中国特色社会主义进入新时代后,为解决当前和以后面临的水资源、水环境、水生态、水安全等重大问题而提出的战略指导。十六字方针针对具体问题对症下药,可以从以下几方面进行理解:

(1)节水优先是根本方针。面对水安全的严峻形势,必须树立人口经济与资源环境相均衡的原则,加强需求管理,把水资源、水生态、水环境承载能力作为刚性约束,贯彻落实到改革发展稳定各项工作中。

(2)空间均衡是重大原则。这是从生态文明建设高度,审视人口经济与资源环境关系,在新型工业化、城镇化和农业现代化进程中做到人与自然和谐的科学路径。

(3)系统治理是思想方法。这是立足山水林田湖共同体,统筹自然生态各要素,解决我国复杂水问题的根本出路。

(4)两手发力是基本要求。保障水安全,无论是系统修复生态、扩大生态空间,还是节约用水、治理水污染等,都要充分发挥市场和政府的作用,同时分清政府和市场的职责和界限。

后 记

　　本书在我校水文化课程开设的基础上，充分吸收了我校多年来的实践教学经验和研究成果，并参考了已有的教学、科研成果，由程得中、邓泄瑶、胡先学主编。其中，绪论、第一章、第五章由程得中、邓泄瑶、胡先学编写，第二章由翟志娟编写，第三章由李将将编写，第四章由王丽编写。全书由程得中统稿、定稿。

　　本书编写中参考了大量前人的成果，恕不一一列出。在编写与出版过程中得到了重庆水利电力职业技术学院宣传处、重庆水利电力职业技术学院团委和黄河水利出版社等单位的帮助与支持，还得到了重庆水利电力职业技术学院优质高校建设项目的经费支持，在此一并表示感谢！

　　因时间、水平所限，书中不当之处在所难免，请广大读者及时提出宝贵意见，以使本书能得到进一步提高、完善。

编　者

2019 年 10 月